你要坚信每天叫醒你的不是闹钟，而是心中的梦想。

慕颜歌

伟大是熬出来的！熬，就是看你能否坚持得住。

——冯仑

当你真心想要一件东西的时候，全宇宙都会联合起来帮助你。

——张德芬

有些笑容背后是紧咬牙关的灵魂。

——柴静

为了不让生活留下遗憾和后悔,我们应该尽可能地抓住一切改变生活的机会。

——俞敏洪

我不相信手掌的纹路，但我相信手掌加上手指的力量。

——毕淑敏

今天很残酷，明天更残酷，后天很美好，但绝对大部分人是死在明天晚上，所以每个人不要放弃今天。

——马云

让将来的你
感谢现在拼命的自己

激励亿万**心灵的年度
暖心**之作

慕颜歌 / 著

古吴轩出版社
中国·苏州

图书在版编目（CIP）数据

让将来的你，感谢现在拼命的自己 / 慕颜歌著 . —
苏州：古吴轩出版社，2015.9（2017.11重印）
ISBN 978-7-5546-0487-8

I.①让… Ⅱ.①慕… Ⅲ.①成功心理—通俗读物
Ⅳ.①B848.4-49

中国版本图书馆 CIP 数据核字（2015）第 146330 号

责任编辑：徐小良
见习编辑：顾　熙
策　　划：孙天一　旸　弢
封面设计：尚　俊

书　　名：	让将来的你，感谢现在拼命的自己
著　　者：	慕颜歌
出版发行：	古吴轩出版社
	地址：苏州市十梓街458号　　邮编：215006
	Http：//www.guwuxuancbs.com　E-mail：gwxcbs@126.com
	电话：0512-65233679　　传真：0512-65220750
出 版 人：	钱经纬
经　　销：	新华书店
印　　刷：	北京凯达印务有限公司
开　　本：	880×1230　1/32
印　　张：	8.5
版　　次：	2015年9月第1版
印　　次：	2017年11月第5次印刷
书　　号：	ISBN 978-7-5546-0487-8
定　　价：	36.00元

如发现印装质量问题，影响阅读，请与印刷厂联系调换。010-85386900

目 录

第一章 伟大是熬出来的 　　001

想得到好运气其实很简单　　003

沉默会使自己变得更强大　　007

以坦然的心情看待挫折和打击　　011

把握住每一个可能的机会　　015

坚持是人生的"复利"　　019

机会总是留给有准备的人　　023

努力让自己更有价值　　028

给自己幸福，是我们的权利　　032

第二章　成功学中的成功方法　　037

克服恐惧，是通往成功的第一步　　039
你的"潜意识力量"　　044
时间是检验价值的根本标准　　050
最重要的东西常被我们忽略了　　055
学着有自己的思考方式　　060
不要让世界变得与自己无关　　064
悲伤中隐藏着愉快的种子　　069
让绊脚石成为你的垫脚石　　074

第三章　从来没有太晚的开始　　079

你的内心深处埋藏着黄金　　081
做事是你的必修课　　085
一辈子只做一件极致的事　　091
有些事现在不做，一辈子都不会做了　　096
空船才是最危险的　　101
接受生活的另一面　　105
存真诚的心，做真诚的事　　109
你的心态就是你真正的主人　　113

第四章　没有伞的孩子，只能努力奔跑　119

改变自己，就能改变人生　121

打开一扇窗，更深地了解自己　125

不投降，生活就是你的　129

没有伞的孩子，只能努力奔跑　133

在命运面前，勇气会颠覆一切困境　138

生命不息，折腾不止　142

成功与平庸之间，只隔了一个目标　146

别让急躁害了你　149

第五章　每一份成功后面，都有爱的力量　153

把赞美当成给别人的最好礼物　155
感恩之心将为你开启一扇大门　162
成功拼的还是人品　166
爱情不只与外表有关　170
不要让爱情成为遗憾　174
消灭追求"利"的"癌细胞"　179
主动让一点，没有什么大不了　185
白马王子不是马　190

第六章　将来的你，会感谢现在拼命的自己　195

你是谁，取决于你正成为谁	197
感谢那个踹了你一脚的人	200
绝境能吞噬弱者，也能造就强者	205
你愿不愿意为梦想做出改变	208
慢吞吞的蜗牛也能成功	212
吃苦，是优质人生的基础	215
我们永远奋斗在路上	218
最好的"报复"，是幸福给伤害过你的人看	222

第七章　尽力，不如比别人更努力　　229

在命运面前，勇气有时代表一切　　231

付出更多，你才能拥有更多　　235

收获少，说明你努力不够　　239

挫折不是上帝制造出来让你打发无聊的　　242

清算苦难，不如开始改变　　246

适当放低姿态，才能少走弯路　　249

每个人的路，都只能自己走　　253

尽力，不如比别人更努力　　257

第一章

伟大是熬出来的

任何时候,拼的都是个人的努力。只有比其他人都懂得努力奋斗的意义,才能在百折不挠后赢得属于自己的天地。

想得到好运气其实很简单

只要你的付出足够让人肯定你的价值，你就一定能比那些吝于付出的人得到更多。

值得定律告诉我们，只要你的付出足够让人肯定你的价值，你就一定能比那些吝于付出的人得到更多。如果你的所得配不上你自己认为的足够，只能表明付出不够多。

我在周末加班的时候，一个朋友指责我："公司有给你加班费吗？谁也别想在该休息的时候打扰我，我也从来不会在周末还让员工工作。"

我反驳道："所以你当不了老板，也找不到称心的工作。"

生活中有很多这样的人，把积累自己能力的任何努力，都当成吃亏。无论做什么事，都要先看见报酬，才愿意付出一点与报酬不匹配的努力，一辈子也就因此输在了不肯"吃亏"上。

人的一切行为，其实都是品质的证明。

一个脚踏车店的小学徒，每次在为车主修好车后，都要把车子擦拭得漂亮如新。每到这时，其他学徒都笑他多此一举："前来修车的人只付给了你修车钱，你擦车子又没有报酬，何苦呢？"小学徒并不理会，继续一次又一次为各个车主提供优质的服务。终于有一天，他被一家公司挖走了，这家公司的老板就是他曾服务过的一个车主。从此，他有了一份更好的工作。

是的，想得到好运气其实很简单，你只需要付出足够多的努力。

有一个在著名钢铁集团工作的速记员，每天都会比别人早到一两小时，为的是看公司是否有什么急件需要处理。有一天，总裁先生也早早来到公司，于是知道了这个有责任心的速记员。

当天下午，总裁先生身边多了一位私人助理——那位储备速记员。

速记员吸引总裁先生的地方，并非他的速记能力，而是他愿意多做一点点的进取心。

不要因为害怕吃亏，而失去了证明自己的机会。

所以著名投资专家约翰·坦普尔顿提出过一条很重要的原理，叫"多一盎司定律"。盎司是英美重量单位，一盎司相当于 $1/16$ 磅，在这里以一盎司表示一点微不足道的重量。而约翰·坦普尔顿旨在通过"多一盎司定律"，解释只要比正常多付出一丁点就会获得超常的成果。并且经过他的研究发现，取得中等成就的人与取得突出成就的人做的工作差不了多少——仅仅"一盎司"之别，取得的成就却有天壤之别。

人类努力的每一个领域中，都可以用"多一盎司定律"来区别赢家和平凡人。

很多人在工作中，完成的往往只是工作步骤而非任务。让你联系客户，你打了个电话表达做了联系中的某个环节，或者，发了个微信啦、发了条私信啦——你似乎确实联系了，但是你却不会想到，当领导要求我们联系某个人或某类人时，真正的完整表达是"竭尽全力与这个人或这类人联系上，以完成下一步工作计划"，你打打电话发发微信，然后说联系不上，算怎么回事？

很多人一辈子之所以一事无成，往往是因为缺少"多一盎司"所需要的那一点点责任、决心、敬业的态度和自动自发的精神，也因此缺少了对工作要旨的真正理解：公司要的是完成任务，而不是浮皮潦草地对付一两个流程环节。

我们要以结果为导向，才能彻底理解任务的要求，然后多用心一点，多搜集一些历史数据，多想一点儿创意，或者为达成任务多想一点方案和可能性……这时候，你已经比别人多出了一个机会——踏实工作、认真做事的人往往更能够发现工作中的机会，同时获得最大的益处还有工作能力的提升。

每天多做一点点并不是可望而不可即的。只要我们冷静评估自己的目标和任务，往结果上多想一点，做得比普通人更多一点，你就会比那些敷衍自己人生的人离成功更近一点。

很多时候，那些走好运的人总是比走霉运的人做得更多。于外界来说，勤奋者用自己的行为证明，遇上了事，他们愿意坚持更久，愿意承担更多。而于勤奋者本身来说，每天向前进一步，一年下来，就比那些不肯多努力的人朝着自己的目标多迈进了365步。

每天多做一点点，最需要的是坚持。不能因为情绪的悲喜而起伏，不能时不时就找个借口中断，每天都要给自己一个雷打不动的任务，雷打不动地完成好。聚沙成塔，一点点并不引人注目的进步，终将托起你理想。

沉默会使自己变得更强大

沉默是一把双刃剑。对于弱者,沉默只会使他失去信心,看不到光明,永远消沉,直至走向灭亡;对于强者,沉默只是韬光养晦的过程,它会使他变得更加强大。

你可曾有过这样的经历:夏天的某个午后,你正在街上行走或者在操场打篮球的时候,突然发现周围的一切变得安静下来,空气似乎凝固了,连鸟儿也不再歌唱了。几分钟后,你感觉到空气中开始有了变化,一排乌云出现在地平线上。你急忙冲进屋里,险些被瓢泼大雨淋个正着。

这就是我们通常所说的"暴风雨前的宁静"。世界真是一个奇妙又隐秘的整体系统,人类也往往不自觉地遵循着自然的规律进行活动。就像北岛诗中说的那样,"一切爆发都有片刻的宁静"。跳高运动员在起跳的那一瞬,都有一个有力的下蹲;温度计被放入沸水中的那一刻,水银柱会先下降,随后才会迅速上升。这种"下蹲"、"下降",就是人生的沉潜期,也就是沉默。

有个客人郑重地送给主人一个礼盒，主人打开一看，只是三个很普通的金属做的小人。主人很奇怪地问客人，为什么送这样的小人给他。

客人取出三个小人放在桌上，拿出一根稻草。当稻草穿过第一个小人左耳的时候，稻草从右耳冒了出来；客人又用稻草穿进第二个小人的左耳，稻草从小人的嘴里吐了出来；当客人再把稻草穿进第三个小人的左耳时，却被第三个小人吞进了肚子里，再也出不来了。

第一个小人，生活中的一切都没有思考，更没有付诸行动，左耳进右耳出，好像什么都没有发生。这是一种对生活消极处理的情绪，也是对自己的一种放纵，对中肯的意见和有建设性的提议都懒得去理会，长期地沉浸在自己固定的思维里面，不想发展，也没有突破，过一天算一天。

第二个小人只是在小处精明，只顾着眼前利益，喜欢到处打听，然后不负责任地乱说。为了显示自己的博闻，喜欢成为闲谈的主角，对看到的、听到的事不去加以分析，说出来的都是对别人观点的简单重复，该说的不该说的都说了出来，让周围的人感到尴尬，甚至弄出许多是非。

很多时候，沉默是最好的处理方式。很多时候的很多事，有许多客观和主观的因素的影响，不是谁想怎样就能怎样的。对那些未经证实的言论最好不要评说，让流言止于沉默，这是对别人负责，也是对自己的尊重。第三个小人告诉我们，要学会沉默。

沉默是金。在纷乱的时刻，沉默静守才能让自己保持清醒。当生活的巨浪袭来的时候，语言是苍白的，就算你使尽全力也喊不出和浪涛声相抗衡的音量，所以你只有沉默。沉默不是退让，而是一个积蓄、酝酿、等待出击的过程。

春秋时，楚庄王继位三年，没有颁布一条法令。左司马问他："一只大鸟落在山丘上，三年来不飞不叫，为什么？"楚庄王答道："三年不展翅，是要使翅膀长大；三年不鸣叫，是要观察与准备。虽不飞，飞必冲天；虽不鸣，鸣必惊人！"果然，半年后，楚庄王废除了十项政令，发布了九项政令，处死了五个奸臣，提拔了六个隐士。于是国家昌盛，天下归服。楚庄王不做没有把握的事，不过早暴露自己的意图，所以能成就大业。苏轼说："博观而约取，厚积而薄发。"没有一段或长或短的沉寂期，没有在沉寂中的反思与积淀，哪有成功者的喜悦，哪有胜利者的欢呼？人们往往只看到人前侃侃而谈的博学者，却忽视了他寒窗苦读的沉默和艰辛。

沉默只是形式上的静止，并不代表思考的停滞。相反，深邃的思想，正是来源于那看似沉默的思考过程。我们要了解一个人的思想，最好是看他的文字，而不是和他交谈。为什么？因为人们在写文章前会仔细推敲，然后才落于纸墨，所以清楚、流畅。思想需要语言的表达，而语言的形成更需要经过一个冷静思考和反复推敲润色的过程。

德语诗人里尔克少年得名，三十多岁就已声闻欧洲。他在1910年出版《布里格随笔》之后，创作进入了低潮，整整沉默了十年。里尔克静静地等待着，积累着他对这个世界的认识。"只要向前迈一步，我无底的苦难就会变为无上的幸福。"他在沉默中这样告诉自己。

1922年2月，豁然贯通的时刻终于到来了，在短短的一个月时间里，里尔克完成了自己生命中的两部巅峰作品——长诗《杜伊诺哀歌》的主体部分和55首《致俄耳浦斯的十四行诗》，它们也成了世界现代文学史上的经典。这一个月，被许多传记家称为"里尔克的mensis mirabili（神奇的月份）"。

有的人在沉默中蓄积力量东山再起，有的人在沉默中沉沦消亡。"不在沉默中爆发，就在沉默中灭亡。"沉默是一把双刃剑。对于弱者，沉默只会使他失去信心，直至走向灭亡；对于强者，沉默只是韬光养晦的过程，它会使他变得更加强大。

以坦然的心情看待挫折和打击

人生没有迈不过去的坎，心中充满希望，就能以坦然的心情看待挫折和打击，就能在困难中看到光明，在绝境中找到出路。

每个人的生命里都会有几段晦暗的时期。爱人的远去，至亲的离世，工作和人际上的挫折，我们在不同的阶段遭遇它们，感到困惑迷茫，忧伤痛苦，感到失去了人生的希望和前行的动力。如果它们在相同时间来临，就会让许多人一蹶不振，自暴自弃。

俄罗斯导演塔可夫斯基在他的最后一部电影《牺牲》中，讲述了一个关于信念与拯救的故事。

电影的开头，父亲亚历山大带着刚做完咽喉手术的儿子种了一棵枯树。种树的时候，父亲给小儿子讲了一个故事：古时候，一个修道士每天提一桶水上山浇灌一棵枯死的树，这样坚持了三年，最后，这棵死树重新开花了。影片的末尾，六岁的小儿子独自提着水桶去浇树，然后他躺在那棵树下，这时候响起巴赫的《马太受难曲》，小孩子躺在树下，看着阳光从小树的枝丫间穿过，那枯树真的如同开花了一样。

塔可夫斯基在电影里告诉我们,永远不要放弃希望和信心。无论何时,当你陷入绝境的时候,告诉自己:世间只有暂时的艰难,没有永远的绝望。无论遭遇多少艰险,无论经历多少苦难,只要心中还怀着一粒信念的种子,那么总有一天能走出困境,让生命再次开花结果。

置身于人生绝境,你必然会饱受痛苦的煎熬,经历巨大的艰险。它迫使你不得不躲在一个偏僻的角落,向内观看自己的内心和灵魂,触摸心灵深处最脆弱的部分,对生命进行深层的触及本质的思考。请正视这突如其来的变故,把它当作造物主对自己的试炼。

西方传说中,约伯是一个非常正直的人,他信仰忠诚,热衷行善,得到了上帝的喜爱。有一天,撒旦对上帝说:"约伯敬畏神,难道是没有原因的吗?你岂不是四面圈上篱笆,围护他和他的家吗?他所做的事都蒙你赐福。他的家产也越来越多。你可以试试毁掉他拥有的一切,他必定会弃你而去。"

上帝相信约伯不管怎样,都会持守他的纯正,于是允许撒旦试验约伯。

在一天之内,约伯的牲畜被示巴人掠去,羊群被火烧光,骆驼被迦勒底人夺去……然而面对这些遭遇,约伯只是说:"我从娘胎里生出来的时候是赤条条的，去世的时候也必定是赤条条的。"

人生没有绝境，每个看似绝境的境界就是人生的转折点，要坚信心中的信念，就能给绝境的自己重生的力量。

美国总统罗斯福出身政治世家，拥有不可限量的前途。他28岁成为美国海军部助理部长，38岁成为美国民主党的副总统候选人。

但就在39岁那年，罗斯福和家人去了一个小岛避暑后，厄运开始了。一天，罗斯福和孩子们一起出海，看到一个小岛上起了山火。于是，罗斯福和孩子们将船靠到了岸边，他们拿着扎成捆的松树枝扑打了好久，才把火渐渐扑灭。回到家后，罗斯福觉得自己疲惫极了，于是他游了一会儿泳，想借此恢复精神，但没有奏效。返回住处不久，罗斯福病倒了。第二天早上，他起床时发现自己左腿弯曲，已经再也没办法站直了。

罗斯福和妻子慌了，他们请了不少医生来治疗，但无论是家庭医生还是在附近度假的著名外科专家，都没能做出准确的诊断。

二十多天以后，哈佛大学矫形外科专家，脊髓灰质炎研究的权威罗伯特医生才确诊罗斯福患上了脊髓灰质炎。这种病在当时没有特别有效的治疗方法，罗伯特医生告诉罗斯福，他双腿麻痹的症状将永远无法治愈。

然而，罗斯福展示出了超乎常人的巨大勇气，他在理疗师的帮助下，制定了详细的计划，逼自己进行系统训练。他躺在一块木板上，通过理疗来舒展已经变得僵硬的肌肉。这个过程很痛苦，一般人一周坚持不了三天，但罗斯福却坚持理疗师每天来帮他进行训练。

就这样，尽管臀部以下已经瘫痪，罗斯福却用顽强的毅力慢慢学会了操纵轮椅，甚至使用拐杖走路。

不久，罗斯福重新回到了政坛，并拖着伤残的身躯，积极工作。他与病魔顽强斗争的精神感动了很多人，他焕发了新的政治生命。

巴尔扎克说："绝境是天才的进身之阶，信徒的洗礼之水，能人的无价之宝，弱者的无底之渊。"

只要生命不息，希望就不会断绝。人生没有迈不过去的坎，只要心中充满希望，能以坦然的心情看待挫折和打击，就能在困难中看到光明，在绝境中找到出路。

当你感到困惑时，当你身处绝境时，要不停地跟自己说："只要希望不灭，就一定能摆脱现状！"专注于寻找出路，并相信自己必可逃出这个困局，你就会寻找到机会，把危机化为转机。

"山重水复疑无路，柳暗花明又一村。"在沉浮荣辱的人生关口，拥有坚定的信念，以及信念产生的勇敢与智慧，是走出绝境的不二法门。身处绝境，可能会粉身碎骨，但也可能绝处逢生。

把握住每一个可能的机会

把握住每一个可能的机会,再平凡的人,也一定能做出最不平凡的事来!

每个人都在梦想着品味到获得成功的喜悦,那甚至被看作人生最大的快乐。可对多数人而言,成功却是那么遥不可及。有些人相当努力,但机遇好像永远离他很远,他总是抓不住成功的手。怎样摆脱这种尴尬的状态呢?

很简单。想钓大鱼,得到深水去;勇于竞争的人,才能拥有不平凡的人生。

在我看来,不平凡的人主要有三种:

第一种是被称为"二代"的人。由于他们的老爸老妈是不同凡响的人,他们大多会不同凡响。比如"富二代",能穿名牌、开豪车、住豪宅,有大笔的财富等着他们去继承,这一切,注定他们的一举一动都会不同凡响;再比如"星二代",生下来就生活在聚光灯下,这辈子注定要熠熠生辉。

有时候我会想，这些人的不凡是不是不可复制？然而，静下心来一想：他们固然有天生的优势，但是后天的努力也是必不可少的，否则，就很难不同凡响，甚至会把这种优势变成精神的枷锁。"富不过三代"，这句话很容易成为这种人经历的真实写照。

第二种是天生拥有不同寻常的天赋的人，就是我们常说的天才。比如苏菲，天生拥有数学天赋，随便在家看一本数学书，就可以解出很多人学习了几年才能解出的数学公式；再比如莫扎特，天生就是音乐天才。这些人的身上具有普通人所不具备的天赋，他们只需要加上一点努力，一点拼劲，将特长发挥得淋漓尽致，便会拥有一个不同凡响的人生。

第三种是指生长环境并不优越，也没有不寻常的天赋，但却拥有一颗不安分的心，勇于竞争的人。他们的内心对成就自我有着强烈的渴望，在人生奋斗的过程中，他们也许会失败，但是失败并不能击垮他们的勇气和动力，他们终将成就一番伟大的事业。

这样的人不胜枚举。比如商界的稻盛和夫，演艺界的奥普拉·温弗瑞，还有政界的奥巴马等等。纵然他们也经历过失败，或者曾经败得一塌糊涂，但是只要还有一口气，身上只要还有一毛钱，也要爬起来继续向前，他们可能是"伟人"，也可能是"疯子"或"狂人"，但当自己决心要在社会中扮演重要的角色时，他们会成为不同凡响的人。

其实这三种人中的前二者，在很大程度上是凭借天时、地利而不凡的，或者说，他们只要有合适的机遇，就可以得到自己所想。而后一种则需要凭借自身的智慧和魅力成就自我。他们都有一个共同点，那就是虽然他们没有什么"二代"的头衔，更没有被上天赋予什么独特的才能，但依然取得了不凡的成就。我想，这就是他们敢于自我期许，敢于去拼的结果。正如歌德所说："流水在碰到阻碍后，才把它的活力释放。"

可以说，机遇往往和困难与风险相伴，惧怕风险和害怕困难的人把握不住机遇。抓住机遇实现人生飞跃的人，必是勇于挑战风险和克服困难的人。因为不怕风险和困难，他们能够发现掩藏在风险和困难之下的机遇；因为勇敢和毅力，他们可以在前进的道路上克服遇到的一个又一个挑战。只要能把握住每一个可能的机会，再平凡的人，也一定能做出最不平凡的事来。

为自己的梦想在路上奔跑的人是勇敢的，同时也是美丽的。正如一首小诗所说："生命有多残酷，你就应该有多强。人生是永远的竞争，奋斗是唯一的出路。"

任何时候，拼的都是个人的努力。只有比其他人都懂得努力奋斗的意义，才能在百折不挠后赢得属于自己的天地。

人类的进步，社会的发展，都离不开优胜劣汰的自然规律，机遇总是垂青勇于竞争的人。人所要的一切，始终都要自己去争取。有了梦想还不够，还要勇于竞争，才能让梦想照进现实。

坚持是人生的"复利"

成功之所以难,不是事情有多难或者多单调,而是缺乏持续不断的努力与坚持。

爱默生曾说:"人无所谓伟大或渺小。"而坚持,才是成功的关键,可以说,坚持就是人生"复利"的过程和永久的"享受"。

首先,让我们来看看复利的过程吧!

我们知道,复利是指在每经过一个计息期后,将所剩利息加入本金,以计算下期的利息。这样,在每一个计息期,上一个计息期的利息都将成为生息的本金,即以利生利,也就是俗称的"利滚利"。

那么,怎样来理解复利产生的效应呢?

以理财为例,假设你现在往银行存入100元钱,年利率是10%,那么一年后,无论你用单利还是复利计算利息,本息合计都是一样的:110元。

但到了第二年差别就明显了,如果用单利计算利息,第二年的本息合计是120元；复利就不一样了，第二年的本息合计就变成了121元，比单利多收入了1元钱。

你可不要小瞧这1元钱，如果本金或利率再大一点，加上年限再长一些，就无法想象这其中的差距了。

1979年，耶鲁大学的一群毕业生开了次同学会。大家都觉得学校一直对他们挺照顾的，因此商量给学校捐笔钱表示谢意。这个想法得到了普遍的支持，大家纷纷捐款，一共得到了375000美金。

一开始的时候，他们打算直接将钱送给学校，但有人提出：学校不会管理资产，我们可以用这笔钱替学校来理财。大家都同意了这个做法。

25年后的2004年，这笔钱居然增长到了1亿1千万美金——这也是耶鲁大学收到的最大一笔捐款。综合算下来，这笔钱的基金复利达到了37%。仅仅25年，就从不到40万增长到了一个亿——这就是复利的强大力量。

传说有位印度教宗师向国王献上了国际象棋，国王很快就对这种新奇的游戏很快就产生了浓厚的兴趣，他十分高兴，决定要重赏宗师，便问宗师想要什么。宗师谦虚地说："陛下，我不需要重赏，只要你在棋盘上赏我一些麦粒就行了。在棋盘的第1个格子里放1粒，在第2个格子里放2粒，在第3个格子里放4粒，在第4个格子里放8粒，依次类推，每一个格子里放的麦粒数都是前一个格子里放的麦粒数的2倍，直到放满第64个格子，就可以了。"国王哈哈大笑，觉得这个要求简直微小极了，于是便让人扛来一袋麦子。

手下人在第1格内放1粒，第2格内放2粒，第3格内放4粒——还没有到第20格，一袋麦子已经空了。一袋又一袋的麦子被扛过来……国王很快就看出，即便把全印度的粮食都搬过来，也远远不够。

原来，所需麦粒总数是：

$1 + 2 + 2^2 + 2^3 + 2^4 + \cdots\cdots + 2^{63} = 2^{64} - 1$

$= 18,446,744,073,709,551,615$

这些麦子大约有140万亿升，全世界产出这些麦子，大约需要2000年！

同样的道理，如果你每年年底存1.4万元，并且将存下的钱都投资到股票或房地产上，获得平均每年20%的投资回报率，那么10年后，你将得到36万元。如果存40年后是多少？是1.0281亿元。

要想拥有复利型的人生，首先必须要有目标导向性，而且要可以细化量化。计划的实施者要清楚自己每天究竟有多少任务，要懂得今天的事情一定要今天完成，并且，目标确定得越早越好。

复利是需要在时间的隧道中慢慢产生效应的，如果行动过晚，时间太短，你就不会感受到复利所带来的巨大作用。

　　李嘉诚自16岁开始创业，到83岁时，身家达到了260亿美元。对于普通人来说，这是一个天文数字。但是，如果我们有一万美元，每一年复利24.7%，同样67年，就可以拥有和他一样多的财富。

　　成功的艰难不是在于没赚到暴利，而是在于持续的努力与坚持。当我们拥有了复利的人生，我们才能有机会和资本去享受生活的美好，或者得到人生永久的享受。

　　坚持，会看到雨后的彩虹；坚持，可以鹰击长空；坚持，可以让自己持续有力地奔跑在岁月中。成功之所以难，不是事情有多难或者多单调，而是缺乏持续不断的努力与坚持。

　　即使我们只有一点点的投入，也要不断地去复利，让人生进入良性循环中。我们要用多一点点的辛苦来交换多一点点的幸福和享受，受点挫折也不要紧。让我们坦然面对，并且坚信，我们的人生将在复利中摆脱平庸。

机会总是留给有准备的人

人,不要失去以后才去遗憾;更不应该在遗憾中没日没夜地咀嚼失去,那只能是追悔和叹息。

机会总是留给有准备的人,只要你做好了充足的准备,以主动的姿态抓住了机遇,就会获得成功。

萧伯纳说:"在这个社会上取得成功的人,都是那些善于抓住机会的人;如果没有机会可抓,他们就自己创造机会。"

从前有一个年轻人。无论做什么事情都非常失败。于是他开始怨恨这个世界的不公,然后什么事情都不去用心做,渐渐丢掉了自己的人生目标。

有一天晚上他睡觉梦到了一位神仙,于是就对神仙诉苦:"这个世界怎么这样啊,为什么机会不光顾我……"

那位神仙告诉他说:"我教你个改变命运的办法。你明天起床后,到有人的地方,去找一个叫'机会'的人,找到的话,你就紧紧地抓住他的手不放。"

第二天，年轻人真的出去了，但一直到天快要黑了，也没找到"机会"这个人。疲惫不堪的他在一座桥上坐下休息，这时有个穿得很破烂的老头路过，年轻人想，他这么老，而且还穿得这么烂，肯定不是神仙让我找的人，我再等等……

没想到，年轻人一直没等到叫"机会"的人。

晚上睡觉他又梦到那个神仙，于是质问神仙，为什么要骗他。

神仙说："我没有骗你，你在桥上坐下时，是不是看见了一个老头？你是不是没问他？但他就是'机会'啊！"

年轻人问："你怎么知道得这么清楚？"

神仙说："那老头就是我，我的名字就叫'机会'。机会来了，你抓住了就是你的机会。你抓不住，那就是你失去了机会。"

人生就是这样的。机会在你面前的时候，你没有去好好地珍惜。一旦失去了，你就会遗憾。

这个年轻人自以为是，并且缺乏主动出击的精神，不经意间错过偶然的机遇。如果他能换一种心态，不是只坐在那里，而是主动去问那个老头，或许事情的结局会是另外一个样子。

一个人如果不积极进取，即使遇到再好的机会，也难以抓住，即使机会就躺在你身边，也还是一样会错过，只会喃喃地念叨：曾经有一个机会就在我的面前，可是我却没有珍惜，当失去的时候，才知道后悔莫及，世界上最痛苦的事情莫过于此……

人，不要失去以后才去遗憾；更不应该在遗憾中没日没夜地咀嚼失去，那只能是追悔和叹息。

人的一生中总会有不少机会，当它来临时，需要你要用积极的思维、敏锐的感觉去发现它，并主动出击，去把握它。

我们从小就都熟知这个故事：

鲁班是木匠的祖师爷。他在一次上山砍树木时，被一种野草划破了手，鲜血直流。他摘下叶片轻轻一摸，原来叶子两边长着锋利的齿。于是，鲁班便想：要是有这样齿状的工具，不是也能很快地锯断树木了吗？回到家后，经过认真研究，多次试验，鲁班终于发明了锋利的锯子。

人生啊，多一点主动，就少一分遗憾。多一点思考，就多一点成就。

未来社会，最需要复合型人才，需要知识、能力、智力与非智力的复合能力。面对阻力，面对繁杂多变的社会，面对着强手如林的职场，面对着残酷严峻的就业竞争，我们一定要锻炼自己各方面的能力，取长补短，为走向成功积极地做好准备。

要保持谦虚的心态，虚心、耐心、热心、诚心，这是职场新人必须具备的基本素质。要培养自己扎扎实实的工作作风和敬业精神。

在挑战面前，要有未雨绸缪的危机意识，多做准备，用主动的姿态迎接每一次挑战。

李君是学物理专业的，这样的专业在科研单位很受欢迎，但是在出版社就不占优势。特别是跟那些新闻、中文专业相比起来，就更显得略逊一筹。

但是，就是这样一个没有什么背景、人际交往能力也很一般的女孩，却在短短半年之内连升两级。

关于她的迅速攀升，各种说法纷至沓来，就是没有人相信她是凭借自己的能力得来的。同事们更愿意相信，好运气特别青睐于她，才让她获得了别人不敢奢望的好机会。

那么，李君幸运的主要因素是什么呢？

论学历，她没有优势；论口才和交际，比她能说会道，甚至圆滑机智的人多得是。她升职唯一的理由就是踏踏实实地干好自己的本职工作，尽职尽责，对交代的任务非常认真地完成。再加上偶尔出人意料地表现一下，或是对于同事出现的疏忽大意一声不响地更正过来。

她的努力终于赢得了上司的好感。上司发觉她是一个可以委派大事的人，于是就提拔她，让她担负更重要的工作。

可见，是她自己为自己创造了好的机遇。

所以，我们要以主动的姿态迎接挑战，市场的竞争，某种程度上也就是人才的竞争。大浪淘沙，不主动努力的人，只能被生活的海洋无情地抛弃。

努力让自己更有价值

努力并不是为了明天得到多大的荣耀,而是为了让今天的自己有价值。

我们为什么要那么努力?

这个智商"爆表"的时代,每个人都那么精明,谁不知道努力的意义呢?努力是所有成功的前提,我们要为了最终的成功而努力。所有人都明白这个道理,为什么成功的人还是少数?为什么还是有很多人做不到努力?最可怕的不是不肯,而是做不到。

有的人也努力奋斗了,并且很顺利地获得了成功,但是,他并不快乐。在他心里,自己并没有获得想要的那种美妙的感觉。

原来,这就是我们的误区:努力是为了他人所推崇的荣耀。

你以为没有获得快乐,是因为自己不够努力。其实,在真正为自己做事的时候,你并不会担心自己不够努力。

所以,别再跟着别人跑了,你得先弄明白,你想要的是什么。如果不是你想要的,再多的努力都是浪费生命。

不要指望他人会自动满足我们的期待。没有过分的期待，就不会有彻底的失望。当你不再指望别人给你什么，你就看到了改变命运的希望。

有个穷人，供奉一座木制的神像，天天祈求神为他造福。几年过去了，他反而变得更穷了。一怒之下，穷人就抓住神像的脚往墙上摔去。神像的头被摔破了，从脑袋里掉出了金币。这人把金子拾起来，生气地骂道："我看你既可恶，又愚笨。我尊敬你的时候，你装模作样，一点好处也不给我；我打碎了你，你却给了我这么多的好东西！"

神像，象征着我们的期待，在生活中，我们自觉不自觉地产生了许许多多的期待，我们渐渐习惯把希望放到神像身上，把期待放到别人身上。然而，我们不知道，每一尊神像里都可能藏着金币。只有打碎它，才能获得。每个人都应该勇敢地打破那尊神像，打破对别人的期待，才能拾起属于自己的金币。

努力并不是为了明天得到多大的荣耀，而是为了让今天的自己有价值。这种价值感会促使你不断地努力，即使没有人督促。

这样的一个结论，并不是轻易得来的。作为一个没有志气的人，我小时候没立下过什么伟大的志向，甚至连一个明确的梦想都没有。老师和同学都在谈论梦想的时候，我说我的梦想就是长生不老。因为没有明确的目的，所以我的人生多半是为了别人而活：为了母亲的叮嘱而上学，为了父亲的骄傲而努力争第一，为了他们的人生理想而考大学。

真正的我，只想在一个安静的属于我的空间里画画。我喜欢充满线条和色彩的世界，喜欢在那片空白的世界映射出内心的另一种可能，我深深沉迷在那种美妙中。只可惜，当时我并没有意识到那才是自己真正的理想。

我把别人的理想都一一实现了，可我一点都不快乐，感觉自己是一个空壳，所有人都觉得我应该能做些事情，其实我什么都做不了。这种感觉总是不断地在我内心中浮现，为我带来莫名的恐惧。

那时候，我以为我还不够认真，还不够努力，所以我期待的美好明天还没有到来。所以我也很努力，可是，我总是做到中途就筋疲力尽，随后，我总在被催促，我感到自己的原动力明显不足。更可悲的是，我眼睁睁地看着自己的青春在不断地流失，而我却在一天天地走向失败，离那个所谓的成功越来越远。

就在我停滞不前的时候，我无意中开始做自己喜欢的事，我发现，自己有用不完的能量，居然能做到废寝忘食的地步。我突然意识到，人生最大的幸福，就是做自己最想做的事。只有在这样的过程中，我才觉得时光的珍贵、价值的重要。

人生其实很简单，只要凡事倚靠自己，学会承担自己的人生，我们就会发现，自己才是自己最大的贵人。

努力让今天更有价值，你的明天才不至于总停留在一种愿景里，真正属于你自己的成功，总有一天会到来。

给自己幸福，是我们的权利

接纳自己，是我们的义务；发现自己，是我们自己的责任。给自己幸福，是我们的权利。那些给予不了自己幸福的人，别人也给予不了他们幸福。

人外有人，天外有天，没有人会活得一无是处，也没有人能活得了无遗憾。比较之心，能把你从天堂拖进地狱，也能把你从地狱拉上天堂，关键看你是俯视还是仰视。比上不足，比下有余。一味比上会痛苦，一味比下会堕落。

我们用不着向别人证明什么，要光顾着看别人，会走错自己脚下的路。不要羡慕你不想成为的那种人，表面的风光背后，其实有着你难以想象的艰难，甚至难以承担的恶果。虚荣是生命不能承受之重。

一个花季女孩，因为羡慕别人的奢华生活，走上了一条错误的路，而今后悔莫及。由于出生于农村，且家境是家乡最贫困的，所以她从来没有穿过新衣服，所有衣服，都是捡姐姐已经穿过的或别人送来的旧衣服。见别人穿红戴绿，自己永远那么老土，她的心里十分痛苦。

后来，她到城里打工，有次去一家服装店看上了一件衣服，由于没有钱买这么贵的衣服，又不舍得脱下，便请求老板，让她为这个服装店工作，以换取那件衣服。老板一眼就看穿了她的浅薄虚荣，告诉她只要愿意与他相好，店里的衣服可以随便穿。这个从来没有穿过时尚衣服的女孩最终答应了这个老板。没多久，店老板就厌倦了，她连生活都没了保障，只好一次又一次地委身于男人来换取一些延续性命的东西。

由于长相漂亮，她被一个皮条客相中，于是开始了她游走在高富帅之间的时光。虽然，她并不想成为这样的人，但生活标准一旦提上去，就很难再降下来。习惯了奢侈生活的她，根本不想放低姿态，过平淡而朴实的生活。谁的青春不多情，后来，她对一个长相俊美心地善良的男孩动了情。可惜的是，当她满心欢喜地筹备自己和心爱之人的未来时，现实却狠狠地扇了她一耳光：由于打胎次数过多，她已经失去了生育能力。由于伴侣过于繁杂，她得了只能从此看着自己青春美丽的皮肤一寸寸慢慢腐烂下去的病。声名狼藉的她，求天不应，叫地不灵。历经万般生不如死的折磨，她才终于明白，自己所挥霍的，不仅仅是一段属于青春的黄金时光，还有不可重获的健康资本。连笑一笑都疼的时候，她才终于懂得，身安、心安即是福。

一个人所有的得到，都是自己付出的回报。

一个人所有的感受，都只有自己才完全知道。

一个人生命中所有的责任，也都只能由自己承担。

但是，在这个世界上，绝大部分人对自己人生责任的担负，却完全处于被动状态。他们之所以把这些视为自己的责任，不是出于自觉的选择，而是由于习惯、时尚、舆论或情感需求等。有的人偶然从事了某种职业，长期从事以后，因为薪资和发展问题，他们不敢改行，把从事这种职业当作了自己的责任，他们从来不会尝试真正适合自己本性的事业。有的人看见别人发财后大肆挥霍，便觉得自己也有责任拼命挣钱、花钱。有的人成天纠结于别人怎么看自己，终日谨小慎微地为各种评价而活，从来不曾认真地想过自己的人生使命究竟是什么。

生命是场独自之旅，我们唯一能拥有的，只有经历。在这段经历中，只有我们自己去拼、去闯、去发现，去经历、去体验、去承担，才有可能真正找到属于自己的幸福。天下所有的励志书，告诉我们的都是去发现自己。

一个生意人，把全部财产投到一种小型制造业，由于战争的爆发，他无法取得工厂需要的原料，只好宣告破产。他大为沮丧，竟然离开妻子儿女，成了一名流浪汉。他无法接受自己失败的事实，有一阵子，甚至想要跳湖自杀。

一个偶然的机会，他看到了一本名为《自信心》的书。这本书给他带来了勇气和希望，他觉得能写出这样激励人心的文章的人，必定智慧过人，说不定有办法帮助人走出低谷。他决定找到这本书的作者，请作者帮助他再度站起来。当他找到作者，说完自己的故事后，那位作者却对他说："我希望能对你有所帮助，但事实上，我却没法帮助你。"流浪汉的脸立刻白了，他喃喃地说道："这可怎么办呢？"

作者停了一会儿，然后说道："虽然我没有办法帮你，但我可以介绍你去见一个人，他可以帮助你东山再起。"流浪汉立刻有了精神，他激动地抓住作者的手，说道："看在老天爷的分上，请带我去见这个人。"

于是作者把他带到一面高大的镜子面前，用手指着镜子里的人说："我介绍的就是这个人。在这世界上，只有这个人能够使你走出低谷。除非彻底认识这个人的力量，否则你只能跳湖自杀。因为在你对这个人有充分的信赖之前，对于你自己或这个世界来说，你都只是个没有任何价值的行尸走肉。"

流浪汉朝着镜子向前走了几步，用手摸摸自己憔悴的脸庞，对着镜子里的人目不转睛地盯了几分钟，然后，他蹲下身子，低下头哭了。

几天后，作者在街上碰见了这个人，他变得几乎让人认不出来了。他的步伐轻快有力，胸脯挺得高高的。他从头到脚焕然一新，看起来状态不错。

"对着镜子，我找到了我的自信。那一天，我离开你的办公室时，还只是一个流浪汉。现在，我找到了一份工作，老板还预支了一部分工资给我供家人生活。我找回原来的自己了。"他风趣地对作者说，"我正想告诉你，过几天，我还会再拜访你一次。我会带一张支票，签好字，收款人是你，金额由你填。因为你介绍我认识了那个'成功人士'，幸好你让我站在那面大镜子前，把真正的自己指给了我看。"

接纳自己，是我们的义务；发现自己，是我们自己的责任。给自己幸福，是我们的权利。那些给予不了自己幸福的人，别人也给予不了他们幸福。

第二章

成功学中的成功方法

你可以不成功,但你不能不成长。也许有人会阻碍你成功,但没人会阻挡你成长。

克服恐惧，是通往成功的第一步

其实，恐惧是我们想象出来的，是唯心的东西。我们一转念，它便消失无踪了。

我们都听说过"马太效应"这个词，也都知道它的意思是"强者会更强，弱者会更弱"。但知道这个词的人中，有很多人并没看过它的故事原文。为此，我查了一下百度百科，得到如下资料：

一个国王要出门远行，临行前，交给三个仆人每人一锭银子，吩咐道："你们去做生意，等我回来时，再来见我。"国王回来时，第一个仆人说："主人，你交给我的一锭银子，我已赚了十锭。"于是，国王奖励他十座城邑。第二个仆人报告："主人，你给我的一锭银子，我已赚了五锭。"于是，国王奖励他五座城邑。第三仆人报告说："主人，你给我的一锭银子，我一直包在手帕里，怕丢失，一直没有拿出来。"于是，国王命令将第三个仆人的一锭银子赏给第一个仆人，说："凡是少的，就连他所有的，也要夺过来。凡是多的，还要给他，叫他多多益善。"

看完上文后，我们可能就不再关注"马太效应"了。但我莫名其妙地想再看看《圣经》原文。为此，我下载了《圣经》的文本，在《马太福音》一章中找到了这个故事：

一个人要远行，他叫自己的仆人来，把产业交给他们。他按照各人的才干，一个给三万个银币，一个给一万二千个银币，一个给六千个银币，然后就远行去了。

领了三万的人马上去做生意，另外赚了三万。领了一万二千的也是这样，另赚了一万二千。领了六千的人去把地挖开，把钱藏了起来。

主人回来后，领了三万个银币的人拿着另外的三万，说："你交了三万给我，我又赚了三万。"主人说："你做得好，我要派你管理许多的事。"

领了一万二千的说："你交了一万二千给我，我又赚了一万二千。"主人说："你做得好，我要派你管理许多的事。"

领了六千的说："我知道你是个严厉的人，没有撒种的地方，你要收割。所以我害怕起来，去把你的钱藏在地里。你看，你的钱还在这里。"主人说："你这个又可恶又懒惰的仆人，你既然知道我要在没有撒种的地方收割，就应该把我的钱存入银行，我回来时可以连本带利收回。"而后，主人把他的六千银币拿去，给了那个有六万的。凡是有的,还要加给他,让他充足有余;而没有的,连他有的也要夺过来。而后,主人把那个没用的仆人丢在外面的黑暗里,让他在那里哀哭切齿。

网上大多是这么解释这个故事的:一个人在某方面(如金钱、名誉、地位等)获得了成功,便会产生一种"积累优势",这能给自己带来更多的机会,取得更大的成功。这就叫"赢家通吃"。所以,"马太效应"只不过是"赢家通吃"的代名词。但看过《圣经》原文后,你会发现其中还隐藏另一层面的道理,那就是第三个仆人成为输家的根本原因:一种"收敛性"的心理。这种心理的相关文字在百度百科中被删掉了,即第三个仆人说的:

"我知道你是个严厉的人,没有撒种的地方,你要收割。所以我害怕起来,去把你的钱藏在地里。你看,你的钱还在这里。"

第三个仆人的这段话较复杂,而前两个仆人的话则较简单:

"你交了三万给我,我又赚了三万。"

"你交了一万二千给我,我又赚了一万二千。"

第三个仆人的话中有一种"收敛性"的心理。这体现在两句话中:

"我知道你是个严厉的人"。

"所以我害怕起来"。

"严厉"和"害怕"的本质是"恐惧"。基于这种恐惧,而产生另一种心理:不主动想办法创造价值。这可以体现在这句话中:

"没有撒种的地方,你要收割。"

将这句话换一个说法就是:"你没喂饭给我吃,我就会饿死。"在这种心理的掩护下,产生了他的自我安慰:

"你看,你的钱还在这里。"

从这句话中可以看出,这个仆人并不为自己没创造价值而感到惭愧,反而因为保住了主人的钱而认为自己有功劳。如果用一个词概括这种心理,就是"懒惰"。

你想没想过,自己是和第三个仆人一样的懒人呢?

第一步:有多少人在看到"马太效应"这个词后,去查了百度?

第二步:看了百度百科后,又有多少人并没有满足,而是继续去查《圣经》原文?

第三步:查了《圣经》原文后,是否会将它与百度百科的内容做比较,并发现新东西?

没经历这三个步骤,对"马太效应"一词的认识就会停留在原来的层面(比如,只把它当成"赢家通吃"的代名词)。这和第三个仆人说的"你看,你的钱还在这里"是一样的。现在,你是否发现,自己和第三个仆人一样呢?

其实，我们每个人身上都有第三个仆人的懒，只不过懒的程度有差别。但只要略为勤奋一点，在"马太效应"一词中得到的收获，就不仅仅是把它当成"赢家通吃"的代名词。比如这三个启示：

一、对外而言，不嫉妒比自己强的人，因为自己的弱是自己造成的。

二、对内而言，应该克制自己的懒惰，争取做前两个仆人那样的人。

三、在根本上，懒惰源于恐惧（上文分析过）。

克服恐惧，是通往成功的第一步。

如何克服恐惧？其实，恐惧是我们想象出来的，是唯心的东西。我们一转念，它便消失无踪了。这有点类似于"放下屠刀，立地成佛"。成佛看似是一个遥不可及的事，但"放下屠刀"却是一瞬间的事。克服恐惧也一样，眨眼间就能做到。

你的"潜意识力量"

激情是剧烈的,它会迅速产生、迅速消失,如同烈火,燃烧起来有燎原之势,熄灭时会烟消云散。

一名青年写了自己学习成功学的过程:

小学毕业后,他第一次买了一名成功学大师的书。周围的同学都说这个成功学大师讲的道理不现实,他当时只是怀疑:"是我错了吗?"

上了高中,他的成绩一直优异,同时深入学习了这个成功学大师的课。那时,很多同学在玩《魔兽世界》、《梦幻西游》等游戏,他还偷笑他们浪费时间。

一个暑假,他去听了一位成功学大师的演讲,并获得了金牌学员奖。高中毕业前,他决定不上大学了,应该早经商早赚钱。

他的父母也是经商的,他跟他们讲了这名成功学大师的光辉事迹,他们非常不认同,认为那都是骗人的。但在他长时间的软磨硬泡下,父母去听了成功学大师的课。后来,他的母亲还交了20万元的学费。在该成功学大师的洗脑下，一年后，他的母亲改行做了直销，父亲差一点也做了这个。

现在，他只想说，这个所谓的成功学大师是个大骗子。

他现在把成功学的整个体系、整套把戏都了解透了，因为他追随了他们8年。在他们的课堂上，会放一些背景音乐，在你激动得不知所措，甚至彻底失去理性时，他们给你洗脑，让你确定远期目标。比如让你定一个10年的目标，让你写下10年内要完成什么。但你心里实际上是没谱的，因为你连明年自己在干什么都不知道，就不要说10年内干的事了，更不要说按他的要求标注每个目标在哪个月实现。

该成功学大师经常说自己从一个穷光蛋变成富翁，他的徒弟也一样。但他们是怎么发财的？都是靠演讲。徒弟们跟他学演讲，而后有人跟他的徒弟学演讲，他们赚钱的唯一途径就是演讲的门票。打着"以最短时间帮助最多人成功"的旗号，一个演讲20万。

这名青年亲眼看到他们让一个打工的女士交20万元学费。人家没钱，就让人家去借。一个打工者怎么将20万还给亲戚朋友？

他们说的成功的"捷径"真的存在吗？他们口中的"快钱"背后，是一群骗子在盯着你的钱包。他们的各种口号，都是教给傻子听的。你每天大喊"我行，我行，我行行行"，你就真行了？大喊

"我是世界首富,我是世界首富,我是世界首富",你就成首富了?成功,是一步一个脚印走出来的。

就像一个好学生整天在玩,一个差学生问他:"你总在玩,为什么成绩好?"好学生答:"这是智商问题,不是努力问题。"实际上,放学后,差学生两手空空回家,回家后还想:"这到底是不是智商问题?"而此时,好学生正打开塞满书的书包,晚上偷着学呢。

这位青年为什么会受害呢?是因为"激情"是一种很能诱惑人的东西,你被它拽着跑,空耗了很多时间、金钱,自己却不觉得哪不对劲。等发现问题时,已经晚了。而成功学的核心就是"激情"。

激情是剧烈的,它会迅速产生、迅速消失,如同烈火,着起来有燎原之势,熄灭时会烟消云散。

激情的反面是习惯。习惯是和缓的,它不是短期内形成的,也不会在短期内改变。当然,也有例外,比如一只神经猫被天上掉下的花盘砸到了脑袋,然后立刻变得不神经了。但这种情况太少,可以忽略。

习惯根植于潜意识中。每个人可能都有过"我要改掉这个习惯"的想法,但最终大都不了了之。因为潜意识是暗中替你做决定的利益集团,对于大多数人来说,它才是思想和行为的主宰。它的使命是"干掉"一切与它不同的思想或行为,它会一步步赶走想改变它的敌人。只要它发现了目标，就会想方设法攻击。

如果有什么力量企图改变潜意识，会有几种结果：

一、潜意识也会像电脑上的杀毒软件，以"系统不兼容"的名义直接干掉与它不一样的价值观、行为方式。

比如你是富二代，如果有人告诉你"人生要努力奋斗"时，你的第一反应可能是："我爹的钱多得很，我奋斗与否有什么意义？"

二、如果外来的力量非常强大，可以使潜意识暂时处于下风。但它不急，它开始时会接受被改变的命运。但而后，它会用时间一点点消磨你，让你的努力都白费。

比如，你是一个不爱学习的人。一天，你去听了一场极有感染力的成功学讲座。你听得热血沸腾，打算"痛改前非，重新做人"。在回家的路上，你兴奋不已，想用最快的速度到家，立即开始学习，决定从今往后，每天晚上都学到零点，早上四点起床看书。

到了第二天早上，你睁眼后的第一个想法虽然是起床看书，但随即便发现自己还有点困。而后，你跟另一个自己展开了斗争。一个自己说"我要从今天做起，立刻起床，绝不拖沓"，另一个自己说"晚起床十分钟，然后再多学十分钟"……

这只是第一天的状态。在第二天、第三天的早上，这样的斗争便不那么激烈了。到了第八天早上，你完全不斗争了。

三、外来的力量可以一时占据主导，但而后，潜意识不会放过任何一个细小的机会。

比如，你想变得勤奋，它会随时随地见缝插针："今天天气不好，所以心情不好，等心情好了再学，效率更高。""现在还没吃饭，吃饱了才有力气学。""现在有点困，先睡一会儿再学。""有朋友找我，不去面子上过不去，回来再学吧。"……

四、如果你强行安装某个软件，潜意识会以"内存不足"等名义，先让新软件的部分功能失效，直到你发现软件确实不好用时，你再主动删除这个软件。

比如，你测试过自己的智商，是95分，低于平均水平的110分。你随之产生了一个自我暗示：我比一般人要笨一点点。此后，某天你找到了一个榜样，想照着他的高度前进。但有一个声音告诉你："他的智商是180分，你才95分，跟他比，你配吗？"几天之后，你越来越觉得自己没法和他比，便把他扔到一边去了。

可以将潜意识视为另一个你自己。人一生中最重要的陪伴对象不是父母、妻子、子女、朋友，而是另一个自己。如果你不喜欢它，人生会很痛苦。因为它不是"别人"，它和你合为一体。你不能不理它，更不能拿刀把它切掉。

潜意识如此强大，是否无法改变呢？也不是。

通常，潜意识会主动攻击直接的敌人，而对间接的敌人的警惕性很低。所以，对付它时就不能太直接、太有激情，此时不能学成功学。你可以像木马程序一样，躲过杀毒软件的扫描，潜伏在电脑中，慢慢制造影响力。

比如你交了一个优秀而勤奋的朋友，两个人天天黏在一起。他并没有直接告诉你该干什么，但他的一言一行无时无刻不在影响着你，只不过你不知道。

此外，还有一个办法：主动进入有严格纪律的环境中，比如拜到严师名下，严师出高徒。通过外界的"不可抗力"强烈地"摧残身心"，假以时日，收效可观。

如果以上方法不行，还有一个绝招：树立理想。

当你树立了远大的理想，用灵魂望着8亿公里之外的一个目标时，很多东西（包括潜意识）也会让步。但这个方法很不好用，因为这个目标容易被8公里之内的现实生活磨碎。此时，可以用成功学的方法，每次吃饭前对着镜子喊："我为中华之崛起而读书！"

时间是检验价值的根本标准

经历过大浪淘沙,最终还没死掉的东西是价值量最大的。

大家都知道,"实践是检验真理的唯一标准",本文讨论一下"时间是检验价值的根本标准"。

某公司里空降了一位新主管,据说是个能人。但他来了之后,始终无所作为,每天到了公司便躲进办公室里,一点也没有"新官上任三把火"的魄力。

大家在背后议论:"总经理是不是看走眼了,选了这么个人来?"慢慢地,有些员工开始猖獗起来:工作上能糊弄的就糊弄,能偷懒的就偷懒,能占便宜的就占便宜……

四个月过去了,新主管突然下达命令,开除了一些人,并提拔了一些人。他下手之快、断事之准,与前四个月简直判若两人。

年终聚餐时,他说:"大家可能不太理解我的反差,我先给大家讲一个故事吧。某人买了栋别墅,搬家前,他全面整顿了院子,清除了所有的杂草杂树,改种了新买的植物。一天,原房主回访,进门后大吃一惊：那些名贵的牡丹哪去了？此时他才发现，他居然把牡丹当草给割了。两年后，他又买了一栋别墅，虽然院子更是杂乱，他却按兵不动。冬天过去了，春天来了，原本看起来是杂草的植物开了花，半年内始终没有动静的小树居然长出了漂亮的红叶。秋天到了，他最终认清了哪些是真正的杂草，并毫不犹豫地将它们铲掉了。"

而后，新主管说："价值高的东西，要经过长期的观察才能辨别出来。"

这个故事与《论语》中的"岁寒，然后知松柏之后凋也"相通。

"岁寒"就是每年最冷的时候，"凋"指树木落叶。我在百度上输入这句话后，打开了十几个网页，将人们对此话的解释整理于下：

松柏傲寒而屹立、经冬不凋，如同在逆境中保持气节、在困苦中不屈不挠的人；在经受困苦时仍不改本色，唯有这样才能表现出坚强的意志；具备不畏严寒的意志，才能获得成功；有坚韧的力量，耐得住困苦，受得了折磨，才不会改变初心；在艰苦的环境中，才知道谁才是真正的君子；在污浊的社会中，才知道谁才是真正的君子；相似的句子有很多，如"疾风知劲草，板荡识忠臣"，"出淤泥而不染，濯清涟而不妖"，"大雪压青松，青松挺且直，欲知松高洁，待到雪化时"，"路遥知马力，日久见人心"……

你从上文中得到多少收获呢？百度虽然什么都能回答，但不能看完就拉倒。不要因为网络发达而失去独立的思考。

对于这句话，可以从三个角度来解读：

一、在逆境中坚守节操，这样的人是高尚的。

二、只有在非常规条件下（如最冷时），才能发现特别的东西（如松柏）的特别之处。而在平时，因为没有充足的条件，这个属性是显露不出来的，就算你眼神再好也没用。所以，不要盲目相信眼睛看到的东西，眼睛所见的不一定是真的。火候不到时，最好保持"不动"的状态，也就是"不评价、不总结、不下结论"。

三、高级的价值，要经历时间的检验才能被发现，或被证明。而这个时间一般都是比较长的，这需要耐心等待。经历了足够的时间，当最终揭晓谜底时，你会突然发现自己得到了巨大的收获。这让你感到震惊。

第三个道理也可以用在看书上。正在看本书的你，是否想过"书的价值"呢？

看书，有无限的选择。看刚出版的书，可以与时俱进；看100年前写成的书，可以了解历史，但它们可能与我们有隔阂；看2000年前写成的书，是什么情况呢？你发现没有，100年前的书与我们有隔阂，而2000年前的却可能没隔阂。为什么？这涉及一个概念：永恒性。

据新闻出版总署《新闻出版产业分析报告》统计数据，中国历年出版的新书如下：

2010年：18.9万种

2011年：20.8万种

2012年：24.2万种

2013年：25.6万种

如何衡量这些书的价值？似乎没有固定的标准。因为大家的兴趣不同，你觉得好的不等于别人也觉得好。但有一个事是可以衡量的，那就是书的生命周期。现在，大多数书可以活3年，差一点的书1年后就基本不卖了，好一点的会卖5年，特别好的会卖更久。对于一本书，就算你不喜欢它，但它卖了5年还在卖，此事已经证明了它的某种价值。

书的价值可以衡量，那么价值的大小能衡量吗？

乍一看，似乎是没法衡量的。这不像买菜，8元一斤的土豆会比2元一斤的好吃。书不是这样，不能说60元的书比30元的好，也不能说这本书的价值是88，那本书是68。书的价值无法量化，但我们可以换一个思路，用书存活的时间来衡量价值。

很多人认为，古人是落后的，古人的书已经不适合我们这个时代了。但你想没想过：一本书能被留存几百年，甚至几千年，原因何在?

现在,每年出版的二十多万种新书中,有多少能留到几百年后?

所以说,经历过大浪淘沙,最终还没死掉的东西是价值量最大的。而其中的价值,表现在"永恒性"上。

什么叫永恒性?简单来说,就是"放之四海而皆准,行之万世而不悖",有这种性质的东西不会因为环境、条件的改变而被抛弃。它们被保存在古人的经典著作中,甚至在被我们视为"古人幻想出来的故事"的神话中。

最重要的东西常被我们忽略了

这个世界上,明白道理的人多,能落实的人少。真正能落实的人,基本都会成为某个领域中的佼佼者。

在中国几千年的历史中,有"永恒性"价值的书很多,比如《论语》、《老子》等。《老子》只有五千多字,但由于太深刻,读起来很费脑细胞。下面只解读此书中的一段话:

上士闻道,勤而行之;中士闻道,若存若亡;下士闻道,大笑之,不笑不足以为道。故建言有之:明道若昧,进道若退,夷道若颣。上德若谷;大白若辱;广德若不足;建德若偷;质真若渝。大方无隅;大器晚成;大音希声;大象无形;道隐无名。夫唯道,善贷且成。

这段话可以分为四个步骤来解释:

第一步是解释前半部分:

"上士闻道,勤而行之;中士闻道,若存若亡;下士闻道,大笑之,不笑不足以为道。"

第二步是解释后半部分：

"明道若昧，进道若退，夷道若颣。上德若谷；大白若辱；广德若不足；建德若偷；质真若渝。大方无隅；大器晚成；大音希声；大象无形；道隐无名。"

第三步是解释这两部分的衔接环节：

"故建言有之"。

第四步是解释最后一句话要阐释的道理，即：

"夫唯道，善贷且成。"

下面按照这个步骤展开：

前半部分中，"上士闻道，勤而行之"的意思是：上等人听到高深的道理后，会深信，没有一点疑惑，然后将它落实到自己的行动中，而不是只作为一种思想，停留在脑子里。

"中士闻道，若存若忘"的意思是：中等人听到高深的道理后，有两种情况，一种是一会儿将它放在心上，一会儿忘得无影无踪；另一种是对它的相信和怀疑各占一半，有点犯迷糊。

"下士闻道，大笑之，不笑不足以为道"的意思是：下等人听到高深的道理后，会认为这是荒诞不稽的，并鄙视、讥笑、完全否定它。如果下等人不这样，就不能说明这个道理是高深的。

可能很多人反感把人分为"上中下"的说法，认为这是"封建等级制度",违背"人人平等"的观念。要探讨一个概念,先要说清楚它在哪个地方发挥作用。世界上有很多东西,如天赋、努力、机遇……这些是不会平等的。

因此,便产生了无所不在的"金字塔"的结构:公司中,位置越高的人,数量越少;社会中,拥有财富越多的人,数量越少;武林中,武功越高的人,数量越少……那么,如果你已经成为某一种类型的金字塔顶端的人,面对下面的人时,该怎么做呢?

这就涉及后半部分的内容。

后半部分的意思是:光明的道好似暗昧,前进的道好似后退,平坦的道好似崎岖,崇高的德好似峡谷,广大的德好像不足,刚健的德好似怠惰,质朴而纯真好像混浊未开。最洁白的东西,反而含有污垢;最方正的东西,反而没有棱角;最大的声响,反而听来无声无息;最大的形象,反而没有形状。"道"是幽隐而没有名称的。只有"道"才能使万物善始善终。

在读这段文字时,人们往往把注意力集中在前后两部分内容上,而忽略掉一个细节——连接这两部分的话"故建言有之"。因此,人们在引用这段话时,常常是只引用前半段:

"上士闻道,勤而行之;中士闻道,若存若亡;下士闻道,大笑之,不笑不足以为道。"

或只引用后半段：

"明道若昧，进道若退，夷道若纇。上德若谷；大白若辱；广德若不足；建德若偷；质真若渝。大方无隅；大器晚成；大音希声；大象无形；道隐无名。夫唯道，善贷且成。"

而把中间的那几个字"故建言有之"扔掉了。

然而，这段话中最重要的内容恰恰是这一句。它的字面意思是"所以立言的人这样说"，引申意思是"所以应该这么做"。

为什么说它最重要？理解一个道理重要，还是将这个道理落实到行动中重要？当然是落实更重要。所以陶行知叫"行知"，而不是"知行"。

这个世界上，明白道理的人多（夸夸其谈者的数量极其庞大），能落实的人少（真抓实干的人相对较少）。真正能落实的人，基本都会成为某个领域中的佼佼者。而"故建言有之"正是在告诉人们去做、去落实，所以这一句是最重要的话（没有之一）。

后半部分其实有点啰唆，因为第一句"明道若昧"可以将后面的内容都概括进去。只不过作者为了让读者理解得更透彻，而转换多个角度，从不同的侧面反复描述，真是谆谆教导、循序善诱、不嫌麻烦。

"明道若昧"的含义基本等同于"颠倒黑白"。比如，某人发现一个上层的东西是白色的,为了不招来众人的抵触("下士闻道,大笑之"),便将这个东西涂上黑色的外壳("明道若昧")。这样,众人便不抵触了。没人抵触、反对、攻击、迫害,这个东西就可以长久保存下去("善贷且成")。"善贷且成"就是善始善终。

本文可以说明这样一个道理:"最重要的东西,常被视为最不重要。"回顾上文,你会发现,最重要的那句话"故建言有之"被夹在原文的"缝隙"中。看那段文字时,我们的眼睛会自动将它忽略掉。因为它的前后文太耀眼了,在强光的反衬下,我们对它视而不见。

明白了这个道理,接下来该怎么做?

要谦虚,因为最重要的东西常被我们忽略了。

温故可以知新,因为最重要的东西常被我们忽略了。

不要轻易下定论,因为最重要的东西常被我们忽略了。

学着有自己的思考方式

现在我们能够做的,是找一个静静的地方,让自己静静地思考,明白该如何做,同样的错误才不会再次发生。

在手机时代,大家忙着刷微信、刷微博、刷QQ、刷豆瓣……看书看起来已经太不时尚了。拿起手机,漫天的信息扑面而来;而一本书只有三四百页,太不"大气",而且还得花钱。

但是,当你面对海量的信息时,是否发现自己主动思考的能力降低了呢?进一步讲,是否不排除一种可能:未来的某一天,你突然发现自己失去了独立思考的能力?如果人失去了独立的思考力,会如何?

一头驴走在大街上,有点饿。它看到一个饭馆,进去后点了一盘菜。菜上来了,它正要吃,旁边的一头驴说:"这家的菜特别辣,我上次吃了之后,起了一脸的痘。"

这头驴一听,便放下了碗筷。它走了出来,进了另一家饭馆。菜上来了,它正要吃,旁边又有一头驴说:"这家的菜特别酸,我上次吃了之后，胃泛了半个月的酸水。"

这头驴一听，便放下了碗筷，又换了一家饭馆……

最开始时，这头驴是不太饿的，但随着时间的推移，它越来越饿。很奇怪的是，每一家饭馆中都有很多驴，而且它每换一次，下一家饭馆中都会有更多的驴告诉"这家的菜……"所以，尽管它越来越饿，但看着这些提意见的驴，它失去了自我。一天过去了，两天过去了，四天过去了……最后这头驴饿死了。

你可能会说："这头驴太没主见了，我当然不会这样。"这是个极端性的故事，我们当然不会极端到如此的程度。但与此类似的是，当环境中的信息量太大时（有很多驴在提意见），你的独立思考能力会下降（即使很饿，也想换一家饭馆）。同时，你对一件事情的认识也会停留在表面，深入不下去（只是看到端上来的菜，但没吃到肚子里）。

比如，你刷微信时看到了一篇好文章，但你太忙了，同时还在看微博上的一篇帖子。而且女朋友时不时在QQ上发来一条信息，你得立刻回复。所以，尽管你知道微信上的这篇文章很好，有必要仔细阅读，甚至反复阅读，但是无奈，环境不允许啊。最后，你只是简单浏览了一下，便稀里糊涂地把这篇文章关掉了。

反过来的情况是：吃完眼前这盘菜之前，不看其他的菜。就

像《论语》中的"子路有闻,未之能行,唯恐有闻"。这句话有两层含义:

字面含义:子路(孔子的弟子)听到一个道理后,在将它落实到行动中之前,会怕又听到新道理。

引申含义:子路听到一个道理后,在将这个道理理解透彻之前,会怕又听到新道理。

让大家感到奇怪的可能是"唯恐"这两个字。子路在怕什么呢?莫名其妙嘛!听到新道理有什么不好,这有什么可怕的!其实,这正是子路比很多人优秀的地方。如同这个故事:

一个人口渴,想挖井。井水位于10米深的地下。他挖到6米时,由于种种原因(理论上有无数种)而放弃,然后换了一个地方重新挖。这一次,他挖到7米时,又由于某个原因而放弃,然后换了一个地方重新挖……最后他渴死了。

表面上看,这个人一直在努力挖,但他挖的这些6米、7米其实都等于0米。他所有的努力,全是无用功。这和他在地上傻坐着、什么也不做是一样的,甚至还不如傻坐着,因为挖地很累。所以说,子路"恐"的东西有两个:一个是白忙活一场,一个是最后渴死。

但看完下文后,你会发现还有第三个东西。

上网查一下,你会发现人们对"子路有闻,未之能行,唯恐有闻"这句话，有很多种解释。比如有人说："有闻"的意思是"有名气"，这个闻就是"闻达于诸侯"的闻。所以"唯恐有闻"的意思是"怕自己有名气"。全句的意思是"子路很有名气，他怕这些名气是自己做不到的（名不副实）"。"如果子路认真做事，有了实实在在的成就，名气会被别人扣到他身上。"还有的人说，"子路听到一件事后没去作，因为他害怕这件事"。所以，子路是个没有勇气、胆小懦弱的人。在这里，前一个"有闻"和后一个"有闻"被视为同一个词（实际上，后一个"有闻"等同于"又闻"）。

上面这两种解释是错的。但如果对于信息囫囵吞枣，没有独立的思考力，就很容易认为它们是对的。而后，你便站在了真相的反面。抱着谬论，自认为是真理，然后反驳持有真理的人。此时，对方无法告诉你你是错的，因为你正在琢磨如何告诉对方他是错的。

所以，子路"恐"的第三个东西是：如果没有独立的思考力，没有透彻了解一个事物，便很容易混淆是非，颠倒黑白，以丑为美，以恶为善。如同《红楼梦》中说的"假作真时真亦假，无为有处有还无"。

不要让世界变得与自己无关

  我们习惯了低头忙碌地过自己的生活,从不抬头仰望一下头顶上那片最美的天空。这个世界与我们有关,未来的世界也与我们息息相关。

  十年前,大型网络游戏使无数中国人(尤其是青少年)沉迷其中。最近几年好了一些,不过很快又兴起了手机游戏。两者有差别,但性质类似,它们都能让我们失去人情味。

  人情味与人的态度有关。先看一个故事。

  一天夜里,一对老夫妻走进一家旅馆,要一个房间。前台的姑娘说:"已经客满了。"但她看着老人疲惫的样子,产生了一种同情心,又说:"让我想想办法……"而后,这个故事的发展有两个版本:

  一、理性的故事:姑娘查了一下数据,发现1号房间和8号房间住的都是单身男性,姑娘向他们说明了情况,请他们暂时住在一起。最后1号房空了,两个老人顺利地住了进去。

  二、情感的故事:姑娘将老人领到一个房间,让他们住下来。

第二天结账时，她说："不用结了，我只不过是把自己的屋子借给你们！"而她自己一晚没睡，在前台值了一个通宵的班。

这两个版本的故事都从一个富有同情心的想法"让我想想办法"开始。进入理性的领域，需要严密的逻辑、合理的推论、精确的求证；来到情感的天地，只需要美好的人性。但不论是理性还是情感，结局都一样——创造奇迹。

如果说"理性和情感会制造出不同的方法"，而"同情心是最初的态度"，那么是方法更重要，还是态度更重要呢？

从上面的故事中可以发现：态度更重要。有态度，便可以在它的基础上创造出方法，就如同说"没有条件，创造条件也要上"。

此时，是运用理性，还是运用情感，不重要。但如果没有态度，就如同上文中没有最初的同情心，没有"让我想想办法"可能会产生这样的结果：

前台的姑娘说："已经客满了，你们到别的旅馆住吧。"

老人说："这荒山野岭的，我们上哪去找别的旅馆？"姑娘说："那你说怎么办，我们这确实已经客满了。"

老人说："随便找一个沙发就可以，只要让我们委身一晚……"

姑娘不耐烦了："谁知道你们是不是来偷东西的，我又不能一晚上看着你们。如果明天早上发现你们不见了，旅馆里又丢了东西，老板会惩罚我。所以,还是请便吧。"

最后,两个老人露宿街头。

关于"态度"的知识,如果汇总到一个框架下,就叫伦理学。

关于"方法"的知识,如果汇总到一个框架下,就叫科学。

如果说科学是一把锋利的斧子,那么伦理学就是握住斧子柄的手。斧子可以用来劈柴,也可以用来杀人,所以我认为,伦理学比科学更重要。

但在我们这个时代中,大家都为科学欢呼,因为它太伟大了,是它带给了我们丰富的生活。但却少有人为伦理学欢呼,因为那东西太没味道。提到"伦理"一词的时候,很多人都会反感,就如同反感妈妈一样:"别唠叨了好不好,我知道你要说什么。不就是善良、公正、爱他人、不嫉妒、不自私……这些东西,你不说我也知道。"

"伦理"一词包含的重要信息是"人情味",但科学是"反人情味"的。比如科学的一个创造物——手机,它的诞生就让世界变得更没有人情味:我们的朋友似乎从身边消失了,我们和恋人、配偶的距离拉开了,我们对父母的关心减少了,别人对我们来说越来越无所谓了……

手机让我们成为了"低头一族",只要低头玩弄手机,整个世界便都与自己无关了。

有一篇《美好生活，低头即逝》的文章，副标题是《无人幸免，全部躺枪》，配了很多图。下面将原文引用于下，括号内的文字是对图片的描述。

★每天晚上你是这样度过的。（一个人抱着电脑说："天都快亮了，我要关掉电脑去睡觉。"结果，一个小时后，他躺在床上玩手机。）

★你需要手机给予你认同感。（一个人拿着手机自拍，并问："手机、手机，谁是世界上最美的女人。"）

★某种程度上，手机把你变成了盲人。（马路上的所有人都在一边看着手机，一边过街。）

★某种程度上，也变成了聋子。（两个恋人在一起，女孩听着树上的鸟唱歌，男孩却看着手机，听着手机里的鸟叫。）

★手机已经导致你的拍照水平骤降。（过去，我们拿着相机拍更广阔的场景，现在只拿手机拍自己身体的某个部位。）

★偶尔你想放下手机，发现没人响应。（一个人想踢球，却孤零零地站在球场上，因为球友们都在玩手机。）

★人和手机的关系基本是这样的。（我们认为，手机是"给我收信息、给我导航、给我提供新闻……"的东西。但实际上，手机是

"你来给我充电、你来给我找有WIFI的地方、快来看消息、快来接电话……"的东西。)

★因为手机,有些事改变了很多。(21世纪的事故现场:一群人拿着手机,拍摄掉进河里,在喊救命的人,却无人去救人。)

★这是一种典型的场景。(一对恋人在饭店吃饭,男孩低头玩着手机,女孩说:"要不,把你的手机绑在我头上,这样你至少可以看着我。")

★最终可能出现这样的情况。(死神已经拉住一个人,此人说的最后一句话是:"等等,我死之前,要先发一下朋友圈。")

★还有这样的情况。(在天堂里,新来的两个人在低头拨动自己的拇指。而先来的人则说:"新来的人好像根本不会交谈,整天就摆出这个姿势。"——按手机的姿势。)

现在,沉迷于网络游戏的人可能比以前少了,但沉迷于手机的人却越来越多了,即使他们没玩手机游戏。"沉迷"一词基本等同于"上瘾","上瘾"一词基本等同于"吸毒"。大家不认为玩手机类似于吸毒,是因为没有换一个角度看这个问题。

悲伤中隐藏着愉快的种子

现在的愉快中隐藏着未来的悲伤的种子，现在的悲伤中隐藏着未来的愉快的种子。

任何一个有轰动性的东西，都可能是正邪并存的。这种"正邪并存"的状态又被人们称为"佛魔共存"和"佛魔一体"。佛与魔都指具有强大力量的生命，他们代表正与邪的两面，而且这两面可以互相转化。可以将"佛魔一体"理解为"建设与毁灭的力量是一体的"，或"正义与邪恶的力量是一体的"，或"自我主宰与沉迷堕落的力量是一体的"，或"真理与谬论是一体的"……

你认为"佛"与"魔"的距离很遥远吗？一点都不远。要说明"佛魔一体"，先要说明两者不仅距离不远，而且在一转念间便可以互相转化。比如在史玉柱的经历中，就有很多佛与魔互相转化的故事，这些故事从不同的角度诠释了"佛魔共存"和"佛魔一体"。

下面的故事按时间先后顺序展开：

故事一：在1994年初的开工典礼中，史玉柱宣布：巨人大厦将建出中国最高的78层楼,预计投资12亿元。1995年,史玉柱被列为《福布斯》中国大陆富豪榜第8位。但而后,他的事业在一瞬间轰然倒塌,留下一栋烂尾的巨人大厦,外加2.5亿元的负债,他成了"中国首负"。如果说"佛"是超越常人的建设力,"魔"是超越常人的毁灭力,史玉柱则在一瞬间上演了从佛到魔的转化。而这个转化,只源于他的一个看似微不足道的念头——不向银行借款,只靠自己的经济力量建设巨人大厦。此时,你还认为"佛"与"魔"的距离很遥远吗?

故事二:1998年,史玉柱找朋友借了50万元,开始运作脑白金。2000年,脑白金创造了13亿元的销售奇迹,这让他还清了全部债务。这样一个从"巨大的失败"到"巨大的崛起"的转变,又一次告诉我们:"佛"与"魔"的距离一点也不远,两者的转换只起源于一点点的启动资金——50万元。

故事三:2002年末,史玉柱开始玩陈天桥的盛大公司的网络游戏《传奇》,并很快上了瘾。那时,他每天要花四五个小时泡在《传奇》里。表面上看起来,他沉迷于游戏中,但在一瞬间,他意识到:"这里流淌着牛奶和蜂蜜!"并认为"我也可以制造网络游戏"。随后,他真的创造了一个新奇迹:《征途》网络游戏。

2004年11月,征途网络公司成立;2006年11月,盈利850万美元；2007年11月，征途公司登陆纽约证券交易所，市值达到42亿美元，成为在美国发行规模最大的中国民营企业。对于常人来说，沉迷于游戏中无法自拔就是"魔"，但史玉柱却可以在一念间将这个魔转化为佛——"这里流淌着牛奶和蜂蜜"。

故事四：作为商人，史玉柱是成功的，但是《征途》触及了道德底线，创造了商业奇迹的它并未赢得社会的尊重。2006年，中国青少年网络协会把《征途》定为危险游戏，建议其暂停运营。网络游戏不是单纯的娱乐，而是一种生活方式：几千万游戏玩家在游戏里生活，构成了一个个真实的精神社会。

史玉柱利用人性的弱点，设计精神世界的游戏规则，用物质引诱、制造仇恨、资源剥夺、通货膨胀等方式，传播金钱至上、强权至上、不择手段的观念。这些观念并不是只存在于游戏中，史玉柱本人就是它的身体力行者。

比如，2004年他想做网游，但他对此完全不懂，便请盛大公司的董事长陈天桥介绍经验。陈天桥把自己的一个精英团队介绍给史玉柱，让他们交流想法。结果，这个团队被史玉柱以高薪整体挖走，成为《征途》的骨干，陈天桥从此与史玉柱翻脸。此时你又发现，如果说佛是正义的力量，魔是邪恶的力量，那么史玉柱是佛还是魔呢？他创造了巨大的物质财富，自己也成为众人崇拜的偶像，此时的他应该被称为"佛";但他的创造物《征途》却让众多的青少年沉迷其中,造成了巨大的社会破坏力,此时的他应该被称为"魔"。那么,他到底是佛还是魔呢?在这里,"佛"与"魔"的距离便不是只在一念间,而是根本就无法分割,这就是上面说的"佛魔一体"。

故事五:2013年,史玉柱辞去巨人网络的CEO职务。"我终于彻底退休了,把舞台让给年轻人。江湖好汉们,忘掉史玉柱这厮吧。""在退休生活中,我要做自己感兴趣的事,那就是玩和做公益,而且要把两者结合起来。一个低俗,一个伟大,结合起来很有趣。我的新浪微博粉丝快700万了,马上要兑现捐赠700万元的承诺。一边玩一边做公益,这就是我的生活。"史玉柱的《征途》给社会带来了巨大的破坏力,但他将所得的钱用于公益,这又具有巨大的建设力。此时,他的魔的一面又转化为佛的一面。

一个有巨大建设力的东西,同时可能有巨大的毁灭力。比如秦始皇,他的万里长城成为后世中国人的骄傲,但在当年耗费了多大的人力,使多少民工丧命于其中?"一将功成万骨枯",任何一个打了胜仗的帝王,都是将自己的功绩建立在众多士兵的尸体上……这些都反映了"佛魔一体"的道理。

通过上文的分析,我们可以发现,"佛魔共存"和"佛魔一体"可以从两个角度来解释:一、佛(正)可以在一念间转变成为魔

（邪），魔（邪）可以在一念间转变成为佛（正）。二、佛和魔是一体的，不可分割。就如同一个人，你从正面看他，看到的是前胸，从后面看他，看到的是后背。但不论是前胸还是后背，都是他的，关键只在于你从哪个角度去看他。佛教说"有佛必有魔来扰，有魔必有佛出世。佛魔共存，方成世界"，《庄子》说"大盗不死，圣人不止"，反映的都是这个道理。

"佛魔一体"并非超凡脱俗的大道理，而是与每个人都息息相关。我们每天都在承受自己所做事情的结果。这些结果要么被评价为"善"或"具有建设性"，要么被评价为"恶"或"具有破坏性"。我们也因此而得到了相应的奖励，或惩罚；并因为这些奖惩而感到愉快，或悲伤。如果你真正明白佛与魔的转化关系，这些愉快和悲伤的感受便不那么明显了。因为你发现：现在的愉快中隐藏着未来的悲伤的种子，现在的悲伤中隐藏着未来的愉快的种子。

如果愉快和悲伤都不那么强烈了，你便接近了范仲淹说的"不以物喜，不以己悲"的状态。达到这种状态的人，可以被称为"成熟"。

让绊脚石成为你的垫脚石

一切绊脚石,都是因为被你视为绊脚石,才成为绊脚石的。如果你把它视为垫脚石,那么,你完全可以抬起脚来,把绊脚石踩在脚下,让它成为你的垫脚石。

没有一个人的成长是毫无波折的,正是因为有了挫折这个"壮骨剂",我们的人生才有了无数种可能。

每个人的成功与失败都是自己可以把握的,困难与挫折是我们成长中不可避免、不可缺少的"壮骨剂"。从困难与挫折中走出来的人才会更坚强、勇敢。

智慧是在应对困难与挫折中获得的,乐观的人生态度也会由此而生。只要我们勇于面对困难,及时地疏导心理恐惧,就能走出缺陷和挫折,重新向自己的人生目标进发。很多时候,我们之所以那么不接受,只是因为我们放不下世俗的标准。

纽约州有个盲人州长,叫大卫·帕特森,他的故事非常具有启迪性。

帕特森出生在纽约西南的布鲁克林，长期生活在纽约的哈勒姆黑人居住区。他是个不幸的孩子，仅三个月大时就因眼部感染，导致左眼完全失明，右眼近乎失明。他的人生记忆是从黑暗开始的。他的父亲是个知识分子，看着爱子遭遇如此劫难，心疼之余，下定决心好好培养他——孩子眼睛已经盲了，绝不能让他心盲。于是，他要把自己的孩子当作正常孩子来对待。有了父母的疼爱，帕特森的童年过得还是很幸福的。

转眼到了上学的年龄，父亲决定让帕特森像正常的孩子一样上学，只有这样，才能培养出正常的心智。但是，纽约市几乎所有的学校，都拒绝接收帕特森进入正常班级学习。他的父亲也动过妥协的念头，但一想到孩子从此就会被贴上盲人的标签，便又下定了送他入学的决心，纵然是倾家荡产，他也不能放弃帕特森。皇天不负有心人。终于在长岛的一所学校，出于敬佩这位父亲的坚持不懈，勉强答应了接收帕特森，不过他只能在正常班级试读。于是为了帕特森上学，他们举家搬到长岛定居。

对帕特森来说，上学是一个极大的挑战。尽管此前他接受了父亲的训练，熟悉家里的每一个地方，只要是在家里，帕特森便和常人无异。可是在学校毕竟换了新的环境，他一开始确实很难适应。但帕特森知道机会难得，且他深知父母为了给他争取这个机会付出了多大的努力，即使他十分难过，也只会一个人将头深深地埋进被窝里哭泣。父亲看着他红肿的眼睛，自然心疼无比，但他还是严厉地说："你必须学会坚强，这才是男子汉，才会让人瞧得起！"他抹了一把眼泪，和父亲拉钩，并且保证，以后绝不会让父亲失望。

他视力极其微弱，斗大的字都需要仔细分辨才能认清，阅读异常困难。所以，于他来说，首要的是抓住上课时间，聚精会神地听老师讲课，而在老师停顿的空闲和课间的休息时间，他就反复地揣摩老师所讲的内容。睡梦中，他的脑海响起的是老师的声音。有时，他半夜里大呼小叫地把父母吵醒，还在求解老师布置的思考题。慢慢地，他的记忆力变得好得出奇，几乎过目不忘。课堂上，他是最积极的一员，赢得了同学们的一片喝彩。学校的一些演讲比赛和话剧演出，他都会踊跃参加。

因为全心忙于学习，他的体质越来越差。一次体育课后，他因头昏摔倒在地，吓坏了同学。这一切惊醒了他——不能只关注学习了！为此，他每天早早地起床锻炼身体，并加入了学校篮球队，还跑马拉松。渐渐地，他练出了结实的肌肉，每天的精力都异常充沛。这时，老师和同学们才发现，他是学校最活跃的一个学生，他的优秀令正常人也为之汗颜。

长期以来，他既不使用导盲犬和拐杖，也不戴黑色眼镜，外表看起来与近视者无异。他在近距离仍可辨认人的相貌，而且能记住别人所说的话，通过听声音就能很快辨别出对方。他还常常和一些朋友说起连他们自己都已经忘记的话，令他们惊讶不已。而和朋友们一起外出，他更是朋友们的"记忆器"。帕特森引起了美国媒体的广泛关注，没错，以帕特森这样一个盲人，却能活得比大多数人都优秀。

　　虽然有不少天生残疾的人活得都更艰苦，但还是有如张海迪、霍金等了不起的人物，他们都是因为接受了自己的缺点，才活出了精彩的人生。

　　试想，若是一个人在成年后，因为某种事故引发了后天视力残疾，他的人生，几乎就被毁了。我们不难预见，在接下来的人生里，他会用多少时间来埋怨自己的不幸，又会用多少时间来归罪于人，再花多少时间来可怜自己的后半生，他不接受自己已经失去某些功能的现实，不愿意从更低的起点重新活出来。

　　其实，生活中的大部分痛苦，都是因为过于在意他人怎么看而产生的。任何一个人，只要愿意接受那些不能改变的现实，放下世俗的幸福标准，不去猜想他人会怎么看待自己，就都可以拥有一份只有自己才能体味的快乐。

一切绊脚石，都是因为被你视为绊脚石，才成为绊脚石的。如果你把它视为垫脚石，那么，你完全可以抬起脚来，把绊脚石踩在脚下，让它成为你的垫脚石。

第三章

从来没有太晚的开始

"当你觉得已经太晚的时候,才是开始行动的最好时机。"
——马克·塞雷纳《二十五岁的世界》

你的内心深处埋藏着黄金

无论我们现在处于什么境地,都不要沮丧。不要忘记,你是珍贵的,你的内心深处埋藏着黄金。永远没有人能够抢走偷走,哪怕是你自己。

在一次演讲会上,一位著名的演说家手里高举着一张二十美元的钞票。

他问台下的两百个观众:"谁要这二十美元?"一只只手举了起来。演说家说:"我打算把这二十美元送给你们当中的一位,但在此之前,请准许我做一件事。"说完他将钞票揉成一团,然后问:"还有谁要呢?"仍有人举起手来。

演说家又问:"那么,假如我这样做呢?"他把钞票扔到地上,又踏上一只脚碾它。然后他捡起钞票,那张二十美元的钞票已经变得又脏又皱。

"现在谁还要?"还是有人举起手来。

"各位,你们刚才已经上了一堂很有意义的课。无论我如何对待这张钞票，你们还是想要它，因为它并没有贬值，它依旧是二十美元。在人生的路上，我们会无数次被自己的决定或遭遇的逆境击倒，那时我们甚至会觉得自己似乎一文不值。但是朋友们，请记住无论发生什么，或将要发生什么，你们永远不会失去价值。无论你的外表是肮脏或是洁净，无论处于低谷或高峰，你们都是无价之宝。"

上面这个故事当中人们对"二十美元"的态度，正是世界对人的态度。在这个世界里，每一个人生来都是有价值的，一个人的价值，不是那种无差别的物质衡量，而是每个人独特的面孔与思想以及每个人来此世间的所感所爱。而这些，都是无价的。

所以，无论我们现在处于什么境地，都不要沮丧。不要忘记，你是珍贵的，你的内心深处埋藏着黄金，永远没有人能够抢走偷走，哪怕是你自己。很多时候，生命的价值只是被遮蔽了，只需要你拂去尘灰，它就会重新闪耀光芒。

而在生活当中，一个人的内在价值并不一定必然地显露出来。客观上来说，受限于社会的发展阶段和世俗的偏见，人们很难认为他人和自己拥有同样的价值。拿以前来说，在奴隶主的眼里，奴隶只是会说话的工具；在很长的历史时期里，女性的独立价值也是不被承认的。从主观上来看，当一个人处于人生的低落期时，甚至连自己都不再相信自己的价值，但是如果自怨自艾，甚至自暴自弃，他人就更加难以看到你的闪光点。

有一个从小在孤儿院长大的男孩问院长："像我这样没人要的孩子，活着究竟有什么意义呢？"院长总是笑而不答。

有一天，院长交给小男孩一块石头，对他说："明天早上你带着这块石头到市场上去卖，但不能真卖。记住，无论别人出多少钱，你都不能卖。"

男孩疑惑不解，谁会买这样一块破石头呢？但第二天，小男孩还是拿着这块石头去了市场，他蹲在市场的角落，铺开一块布，摆上了这块石头。他吃惊地发现，真有人聚了过来，打听这是什么，甚至有人说想买下来，男孩忍住了没卖。回到孤儿院，男孩兴奋地向院长报告，院长笑了笑，要他明天把石头带到黄金市场去卖。

第二天，在黄金市场上，有人怀疑这是一块含金的矿石，要出比昨天高十倍的价钱来买这块石头，男孩忍住了没卖。

回来后，院长叫男孩把石头拿到宝石市场去卖，在那里，人们怀疑这是一块玉石，结果，石头的身价又涨了十倍。

男孩兴奋地捧着石头回到孤儿院，他问院长为什么会这样。院长看着男孩慢慢地说："生命的价值就像这块石头，在不同的环境就有不同的价值。一块石头本不起眼，但如果你珍惜它，就会有不同的意义，而且，由于你的惜售，无形中提升了它的价值。你要像这块石头一样，只要自己看重自己，自己珍惜自己，你的生命就有了价值。"

每个人的生命都拥有无限的价值。而人的一生中得以显现的价值只是很少的一部分。为了给这世界带来更多的东西，给他人呈现更多的希望，我们在认识到自我价值的同时，要努力地选择和创造更能展现自我价值的环境，就像同一块石头在不同的市场里，可以获得不同的价值一样。

人的生命如此短暂，闪耀的时刻那么少，为了过完有价值的一生，只能拼尽全力，只争朝夕。

做事是你的必修课

成功者所从事的工作,是绝大多数的人不愿意去做的,许多时候,他们成功,只是因为他们做了其他人不以为然或者不愿意去做的事情而已。

每个人都希望做自己喜欢的事情。小时候喜欢游乐场,大学时喜欢自己感兴趣的专业,毕业了也想找一份自己热爱的工作。这当然是一种理想的生活状态。

一位神父去主持一位病人临终的忏悔,他听到那位病人是这样忏悔的:"上帝,我一生喜欢唱歌,音乐是我的生命,我的愿望是走遍全国去唱歌。作为一名黑人,我实现了我的愿望,我这一生无憾。现在我只想对上帝说,感谢您,您让我度过了快乐的一生,并让我用歌声养活了我的六个孩子。现在我的生命就要结束了,我会带着平静和满足死去。仁慈的神父,我只想请您转告我的孩子们,让他们做自己喜欢的事吧,他们的父亲会在天上为他们骄傲的。"

这个病人临终时的话让神父感到非常吃惊。因为这名流浪歌手的所有家当，就是一把吉他。他每流浪到一处，就把头上的帽子放在地上，开始唱歌。几十年来，他用自己苍凉的西部歌曲，感染了无数的听众，也养活了自己的家庭。

神父想起五年前曾主持过的另一次临终忏悔。那是一位富翁，他的忏悔竟然和这位流浪汉如出一辙。他说："我从小就喜欢赛车，我研究它们，改进它们，经营它们，一辈子都没离开过赛车。这种生活充分满足了个人爱好，还让我从中赚了不少钱。我很满意我的一生，我别无遗憾。"

神父陷入沉思："人怎样才能别无遗憾地度过自己的一生呢？看来能够做到两条就够了：第一条，做自己喜欢的事；第二条，想办法从喜欢的事情里赚到钱。"

虽然如此，一生都做一件喜爱的事情并且能以此养活自己，几乎是可遇不可求的。

对于那些自己喜欢做的事情，我们常常会充满激情地把它做好，但对于那些自己不喜欢做的事情，我们往往不太在乎。其实，很多时候，我们所喜欢的那些事情，往往并不如我们想象的那般美好。就像那位流浪歌手，肯定也会遇到各种各样的艰辛。风霜雨雪，严寒烈日，村庄的野狗，漠视的路人，这些艰难的滋味，他都要一一品尝。

就算你选择了自己喜爱的工作，但并不代表工作中每件任务都是你喜欢的。也就是说，即使在我们感兴趣的工作范围中，也可能会发生一些自己不愿意做的事情。当面临这些事情的时候，你会怎么做呢？是选择充满热情地完成它，还是敷衍了事？

通常，人们在遇到麻烦的事情时，会有厌烦感，容易带着情绪去处理问题。心里一烦，手上就乱，就会失去做事的必要节奏。所以保持必要的形式感就很重要，因为形式感带来的有序感（或条理感）会让人的情绪变得安定，定方能生慧，才能平静地处理问题、解决问题。心里一静，节奏就回来了。有节奏地做事，效率才会高。

其实，人的一生中会有多个岔道口，在每个岔道口处，可能都要进行多次选择。也许这些选择包含了很多勉强的因素，但是我们还是要坚定地走下去。因为，只有当你踏实前行，才不至于因为迷茫而原地踏步，只有前行，才有可能找到未来的出口。

有一个女孩是计算机专业的研究生，毕业后进了一家软件公司工作。工作没多久，她就凭借深厚的专业基础和出色的创新能力，为公司开发出了新型财务管理软件，得到了单位领导的肯定和同事的称赞，被提升为开发部经理。她不但精通技术，在主管的位置上倒也顺风顺水，开发部在她的领导下取得了不凡的业绩。公司老总非常看重她，就把她提升到总经理办公室，负责全公司的管理工作。

接到新的任命通知后,她并不高兴,因为她深知自己的特长是业务而不是管理,如果去做纯粹的管理工作,不但会让自己的特长无法发挥,还会荒废自己的专业技能,尤其重要的是,她并不喜欢做管理。可是,碍于种种因素,她还是接受了这份对于她来说不愿去做的工作。

果然,接下来的一个月,她在新的岗位上虽然做了很大的努力,但结果却令人失望,上司也开始对她施加压力。现在,她感到心情压抑,越来越讨厌这个职位。

做好分内的事,是每个人的必修课,也是成功人士的秘诀。尽管在工作中,不可能每件事都让你感到满意和快乐。

美国著名心理学博士爱尔森选取了世界100名成功人士做了一项问卷调查,调查结果使他十分惊讶——61%的成功人士承认,让他们成功的职业并非是他们内心最喜欢做的,至少不是心目中最理想的。

珍妮出身音乐世家,她非常喜欢音乐,却阴差阳错地考进了大学的工商管理系。尽管不喜欢这一专业,但她学得很认真,每学期各科成绩都是优秀。毕业时,她被保送到麻省理工学院攻读MBA课程,后来她又拿到了经济管理专业的博士学位。

如今已是美国证券业知名人物的珍妮依然心存遗憾:"老实说,

现在我仍然不很喜欢自己所从事的工作。如果能够重新选择，我会毫不犹豫地选择音乐，但我知道那只是一个美好的'如果'，我现在只能把手头的工作做好。"

爱尔森博士问她："你不喜欢你的专业，为何学得那么好呀？不喜欢眼下的工作，为何又能做得那么优秀呢？"

"这是我应尽的职责，所以我必须认真对待。不管喜欢不喜欢，我都没有理由草草应付。这是对工作负责，也是对自己负责。"

珍妮的话很耐人寻味——"这是我应尽的职责"，表明了她对自己所从事的工作的尊重，传达了她不甘平庸的理念。正是这种"在其位，谋其政，成其事"的敬业精神，让她取得了令人瞩目的成就。

很多人常常无法改变自己在工作和生活中的位置，但完全可以改变其对所处位置的态度和方式，自然也会因此找到许多的乐趣，因此拥有一份骄傲的人生。

一名生物专业的学生到微软公司应聘，领导问她："你不是学计算机专业的，为什么要到微软来工作呢？"这名学生回答说："当年入学时，我被迫选了自己不喜欢的生物专业，现在毕业了，我仍然不喜欢这个专业。"领导听了有点反感，觉得这名学生不是自己公司所需要的。但是，这名大学生接着说出的话打动了他。她说："我不喜欢这个专业，但不代表我不去认真学习，大学里，我认真地对待每一天，学好每一课。但毕业时我没有选择去制药公司，而是向微软投出了我的简历。请您看看我大学考试的成绩单。"

那是一份全优的成绩单！一个不喜欢自己专业的学生，竟然考出了这么好的成绩，足以证明，这名学生是聪明的，更是有责任心的。领导最终录用了这名非计算机专业的大学生。

敬业是一个人在工作中的优良品质，也是一个人应该具备的职业素养。如果是因为对事情了解少而不感兴趣，你可以在工作中培养自己的兴趣，多给自己了解的机会和时间。倘若工作的确单调或繁琐，可以找一些犒劳自己的方法，或者交叉安排一些喜欢做的事情，使自己的感觉不至于那么难受，也有了新动力来继续完成接下来的工作。

实际上，任何一份工作都不是十全十美的，每个人也未必都能做自己喜欢的工作。能把自己喜欢的工作干好尚且不容易，更何况是做好自己不喜欢的工作呢？对那些能做好自己不喜欢的工作的人，哪位老板会不放心呢？因为他干任何工作都会干得很好。

美国管理学家韦特莱指出：成功者所从事的工作，是绝大多数的人不愿意去做的，许多时候，他们成功，只是因为他们做了其他人不以为然或者不愿意去做的事情而已。

一辈子只做一件极致的事

谁也不可能轻易成功,成功来自彻底的自我管理和毅力。而自我管理和毅力的训练可以从最小的事情做起,甚至仅仅是带有仪式感的事情。

有一部纪录片叫《寿司之神》,讲的是全球最年长的三星大厨,被称为"寿司之神"的小野二郎。终其一生,他都在握寿司,他几乎是用朝圣的心态对待他的工作,永远以最高的标准要求自己和自己的学徒,确保客人享受到极致的美味,甚至为了保护制作寿司的双手,他在不工作时永远戴着手套,连睡觉时也是如此。

一直到七十岁心脏病发作之前,小野二郎都亲自骑自行车去市场进货;为了使章鱼口感柔软,要给它们按摩至少四十分钟;为了让米饭弹性达到最好的状态,小学徒摇着蒲扇给米饭降温;海苔用特殊木炭烤制;纯手工打蛋。食材方面精益求精,从筑地鱼市专门卖鲔鱼的鱼贩手里买走最好的那一尾鱼,从虾贩手里买走市场上仅有的三斤野生虾,从最懂米的米店那里买最好的米……

由于二郎做的寿司几乎算作艺术品，这间隐身于东京某大厦地下室、只有10个座位的小店，需要提前半年订餐，最低消费三万日元，主厨决定你吃什么，没有佐餐小菜，价格要参考当天的渔货价格……这个寿司店连续两年荣获米其林三颗星评价，甚至被誉"为值得花一生去等待的餐馆"。

这部电影讲述的是职人精神："职人的精神就是一辈子只做一件事，并且把这件事做到极致。"

它向我们展现了一生专注做一件事究竟可以达到怎样的境界。它需要的是对这件事情的信仰，由信仰带来的无限热情，以及无数次重复之下的化为品性的习惯。

而大多数人很难把一件事情坚持下去。每天背一百个单词，每个礼拜读一本书、看一部电影，每天花四十分钟跑步，不吃快餐……你有多少这样的计划中途夭折了？总是有这样那样的理由让自己放弃做这件事情。其实，不是种种理由迫使我们放弃的，而是我们自己经不起诱惑。才坚持了不到一个星期，就感觉到自己成功了，于是开始浮躁，告诉自己今天稍微放松一下，明天继续坚持。可是就是"稍微放松一下"，让自己没有能够坚持下去。

习惯推迟满足感的人才更容易达到目标。

推迟满足感，意味着不贪图暂时的安逸，重设快乐与痛苦的次序：首先，面对问题感觉痛苦；然后，解决问题并享受更大的快乐。

其实，我们早在小时候（通常从五岁开始），就学会了自律的原则。例如在幼儿园里，有的游戏需要孩子们轮流参与，如果一个五岁的男孩多些耐心，让同伴先玩游戏，而自己等到最后，就可以享受到更多的乐趣，他可以在无人催促的情况下，玩到尽兴方休。对于六岁的孩子而言，吃奶油蛋糕时不把奶油一口气吃完，或者先吃蛋糕，后吃奶油，就可以享受到更甜美的滋味。读小学的孩子回家就写家庭作业，再去玩电脑，是实践"推迟满足感"。到了青春期，他们处理类似问题，就可以更加得心应手，因为这已经成为一种习惯或常态。

谁也不可能轻易成功，成功来自彻底的自我管理和毅力。而自我管理和毅力的训练可以从最小的事情做起，甚至仅仅是带有仪式感的事情。

古希腊哲学家苏格拉底第一次给学生上课时，要求他的学生在上课前挥一挥手。一周以后他发现有一半的学生不再挥手，一个月以后他发现有三分之二的学生不再挥手，半年以后他发现只有一个学生还在挥手。那个学生就是后来成为大哲学家的柏拉图。

你看，只是每天课前挥一下手这样小到几乎没有意义的事情，坚持下去，就会造就完全不同的人生。只是因为，这种"无意义"

背后体现着一个人的专注和意志，而这些品性是无论做什么事情的时候都需要的。法国思想家西蒙娜·韦伊说："学习构成专注的智力训练，因此，学校的每种训练应是精神生活的一种折射。"她认为，数学、物理这样的课程，哪怕我们不了解学习它们的意义，哪怕在以后的岁月里再也用不到这些知识，可是，学习它们所磨炼出来的专注力却是一个人一生的财富。

我们每一个人一生的精力都是有限的，能够去做的事情也是有限的，如果你把精力放在不同的地方，很容易顾此失彼。要想真正做好一件事，必须专心去做才会达到想要的效果，否则很可能就是博而不精。而要想一心一意做成某件事，就必须"破杂"。

有一位画家，举办过十几次个人画展。参观者再少，他的脸上也总是挂着微笑。有人问他："你为什么每天都这么开心呢？"他说："小时候，我的兴趣非常广泛，性格也很要强。画画、弹琴、游泳、打篮球，每一样都想学，每一样都想得第一——这当然是不可能的。遇到挫折后，我心灰意冷，学习成绩也一落千丈。父亲知道后，找来一个漏斗和一捧玉米粒。让我把双手放在漏斗下面，然后捡起一粒玉米粒投到漏斗里面，玉米粒便顺着漏斗滑到了我的手里。父亲投了十几次，我的手中也就有了几粒玉米粒。然后，父亲抓起满满的一把玉米粒放在漏斗里面，这一次玉米粒在漏斗里挤得紧紧的，一粒也没有掉下来。父亲对我说：'你可以把自己看成这个漏斗，假如你每天都能做好一件事，每天你就会收获一粒。当你想把所有的事情都挤到一起来做，就连一粒也收获不到了。'"

所以，每一个有梦想的人，无论你的目标是长期的还是短期的，请从身边的每一件小事开始做起。在每次想要放弃的时候，可以先想一下目标达成以后的情景，给自己描绘一幅美丽的蓝图，从而给自己带来继续前进的动力，然后不论风雨坚持走下去。如果你有暗自喜欢的人，坚持为他/她做点什么；如果你有一只可爱的宠物，坚持每天抱抱它，和它说说话。每一次受伤动摇的时候，多想想他们的眼神，想想他们的关爱，给自己更多前进的理由，不管风雨，咬咬牙，坚持下去。

然后有一天，我们一点一滴细微的努力，渐渐会化为未来的彩虹，我们也会一点点变成自己希望的样子。我们终会掌握自己独有的节奏，不惧风雨，不羡他人。

有些事现在不做，一辈子都不会做了

很多事不开始做，根本不知道该准备些什么。有些事现在不做，一辈子都不会做了。

老祖宗流传下来一句话："凡事预则立，不预则废。"我们处理一个问题时，如果事先做好调查分析并制订相应的对策，就更容易获得成功；反之，处理问题而不研究问题发生的原因，不对问题的解决方法做出有效的设想，而盲目主观地去做，则问题经常难以解决。

这当然是对的，不过辩证法的奇妙之处就是，一个正确的命题的反面同样是正确的，而它们离错误也不过是一点点的距离。

我们大多数人身上都发生过这样的事：一个不会水的人想学游泳，他买好了游泳衣、游泳帽、潜水镜，然后搜索了各种培训班，还在视频网站上看了各种教学视频，欣赏了奥运冠军的优美泳姿——结果一个夏天过去了，他仍然还是没学会游泳。

这就是我们说的"工具综合征"。工具综合征，就是总把工具当成"结果来想象。就像你特别喜欢收集文具,各种笔啊,本子啊,墨水啊,你心理上大概是这个逻辑——当我买文具的时候,我就觉得我已经写满了字,然后充满了"我真是个爱学习的好孩子""我很快就成为一个伟大的作家了"的心理暗示,好开心。而实际上呢?绝大多数本子,买来时是空白的,几年之后还是空白的。桌上一堆的英雄钢笔、派克墨水,直到墨水过期了,钢笔帽还没有打开过。

工具综合征者基本逻辑就是——我都使用了最好的工具了,好的结果不是唾手可得吗?你想准备一个记事本,结果在买什么样的本子上纠缠了一个月,挑选喜欢的笔又用了一个月,琢磨用什么表格好再用了一个月,三个月过后,你还会继续坚持用记事本吗?

与工具综合征相类似的还有资料收集狂。资料收集狂就更普遍了,尤其是在这个信息爆炸的年代,收集资料变成了点击一下鼠标就能完成的事。硬盘里存着几个G的书籍,几百个G的电影,都是很寻常的事。可是看完的有多少呢?

资料收集狂是另外一种重视工具而不重视结果的偏执狂,逻辑也是同样的——我都收集了这么多资料了,获得好的结果不是理所应当的吗?

用相对好的工具确实有助于提高效率或者增强体验,但是工具能带来的提高也是有限的,给你全世界最好的小提琴,你还是会拉出让邻居抓狂的声音。

会花很长时间挑选工具，纠结于这些工具区别的人，可能或多或少也有一点完美主义吧。只是，世间没有完美的工具。

工具的价值在于被使用，在人与工具的关系中，工具被人创造，目的就是为了使用的，不使用它们，工具就毫无意义。

笔和本子的价值在于被人拿着写出很多很好看的字，是写出漂亮深刻的文章的，写到笔尖都裂开了，写到本子都密密麻麻摞成堆，才是圆满了，不是被人供起来，每天拿出来擦一擦看一看的。

石油大王洛克菲勒在给他的儿子的信里这样写道："很多人都承认，没有智慧的基础的知识是没用的，但更令人沮丧的是即使空有知识和智慧，如果没有行动，一切仍属空谈。行动与充分准备，其实可视为物体的两面。人生必须适可而止。做太多的准备却迟迟不去行动，最后只会徒然浪费时间。换句话说，事事必须有节制，我们不能落入不断演练、计划的圈套中，而必须承认：不论计划有多周详，我们仍然不可能准确预测最后的解决方案。"

不论是工具综合征还是资料收集狂，都会使一个人变成一个被动者，他们想等到所有的条件都十全十美，时机对了以后才行动。然而，到处都是机会，但没有十全十美的。一定要等到每一件事情万无一失以后才去做，这是傻瓜的做法，也是一种怯懦的表现。

我们必须相信，面前正是一次机会，才不会将自己陷入等待的泥沼里无法动弹。

就像出门旅行时，我们会准备鞋子、衣服、干粮，但是我们无法预先准备应对路上遇到的所有意外，那些风啊，雨啊，大狗啊，小偷啊，都需要我们迈出家门后再做应变。如果我们像契诃夫的《套中人》那样，出门时总裹上厚厚的雨衣，一点点未经计划的事情都让我们惊慌失措，那么我们就会错失无数可能，以及锻炼自己变得坚强勇敢的机会。

蔡康永说，都准备好是永远不存在的状态。等我准备好了再旅行，等我准备好了再表白，等我准备好了再结婚……只是一种理想状态。很多事不开始做，根本不知道该准备些什么。有些事现在不做，一辈子都不会做了。

工作是这样，生活也是这样。

有一句古话说："树欲静而风不止，子欲养而亲不待。"就"尽孝"这件事来说，我们永远没有准备好的时候。你总说："我现在一个人在外辛苦打拼，我没车没房不能衣锦还乡，我要在成功之后再将父母接来，那时我才有足够的力量给他们幸福……"不要奢想你几年以后就会灿烂完美如花，人生的每个阶段都有忙不完的事，理不清的头绪和不尽如人意的经济状况。尽孝要及早，不要等到再无机会时，才痛悔万分。

上数学课时，我们学过"两点之间，直线最短"，我们尽可以在数学的理智世界中完美地推论证明这一点。只是人生不是数学，人生路途上没有直线，但就在那人生拐角的曲径通幽处，才有鸟语花香的惊喜。

空船才是最危险的

那些得过且过的人，像那只没有盛水的空水桶，常常一场小小的风雨就把他们打翻了。

"当你不去旅行，不去冒险，不去拼一份奖学金，不过没试过的生活，整天挂着QQ，刷着微博，逛着淘宝，玩着网游。干着80岁都能做的事，你要青春干吗？"你是否曾被这句网络流行语唤醒了心底那沉寂许久的上进心？趋乐避苦的天性常常让人选择轻逸讨巧的生活方式。在最该学习的年纪，你选择了花前月下卿卿我我，羡慕轻松、舒适，还有高回报的工作，希望自己的一生轻松自在、愉快无忧，没有痛苦和磨难，可是又有谁会这样"幸运"呢？难道没有压力和困难的人生就是幸运的吗？

一艘货轮卸完货返航时，突然遭遇风暴。在这个危急时刻，船长下令："打开所有空货舱，立刻往里面灌水。"

往货舱里灌水？水手们惊呆了。这样船沉得不是更快吗？这不是更快地把自己带往死路吗？大家都疑惑地看着船长。

船长看到没有人动,问道:"你们不听我的命令,难道都要等着葬身大海吗?"

一个水手问道:"往船舱里灌水,这不是自寻死路吗?"

船长镇定地说:"大家见过根深叶茂的大树被暴风刮倒过吗?被刮倒的都是没有根基的小树。"

水手们半信半疑地照着做了。虽然狂风巨浪还是那么猛烈,但随着货舱里的水越来越多,货轮渐渐地平稳了。尽管海面波涛起伏,但货轮最终还是安全地抵达岸边。

上岸后,船长告诉水手们:"一只空桶很容易被风吹翻,如果装满了水,风就吹不倒了。同样的道理,一条船在负重的时候是最安全的,空船才是最危险的。"

"最丰满的稻穗,最贴近地面。"其实,人生何尝不是呢?

成功的人,无不是负重前行的勇敢者,沉重的责任感时常压在他们的心头,砥砺他们的内心,即使遇到大风大浪,他们也能够坚定地走过去。而那些得过且过的人,像那只没有盛水的空水桶,常常一场小小的风雨就把他们打翻了。

有两个大学生,毕业后一起进了同一家公司工作。张三为人踏实,李四为人圆滑。刚开始,两人各自干着分配给自己的那份工作,都很卖力,也干得很不错。不久,张三发现办公室主任常常把一些本属于李四的工作分给自己做,害得自己每天要加班到很晚,累得上气不接下气,而李四却整日无所事事,有时甚至到办公室点个卯就走了。张三终于忍无可忍,起了辞职的念头。回老家时,他忍不住和父亲诉苦,谁知父亲听了儿子的诉苦,反而高兴地问:"真的吗?你一个人能做两个人的事?"

"整天累死累活,工资又不多拿一分,有啥可高兴的?"儿子垂头丧气地说。

父亲随手拿了两张纸,使劲扔出一张,那张纸却软软地飘到了脚跟前,然后父亲又从地上捡了一块石头包进另一张纸里,随手一扔就扔出了很远。

"孩子,你看纸是不是很轻?可包了石头的那张纸却扔得更远。年轻人多做点事,肩上担子重一点,是好事!"

听了父亲的话,张三振奋起来,心态发生了巨大的改变。回公司仍然干着原来的工作,但是他把压力化为动力,一个人干两个人的事,竟也干得游刃有余。一年之后,公司部门进行优化重组,张三升任办公室主任,而李四却下岗了。

其实,人的一生要负载很多东西,比如苦难,比如沉重的生活和繁重的工作。谁也不知道自己哪天会面临糟糕的局面。如果有些东西注定是我们无法逃避,必须面对的,那么我们不妨以一种积极的态度去面对。让生命负重，人生才有压力；有压力，才会产生前进的动力。生命因负重而走向成熟。让生命负重，其实就是让人在压力下得到锻炼，增长才干。就像船，没有负重的船会被大浪掀翻；就像心灵，没有思想的心灵会漂浮如云。

庄子在《逍遥游》里讲到的那只鹏鸟，它的背像泰山，翅膀像天边的云；借着旋风盘旋而上九万里，超越云层，背负青天，然后向南飞翔，要飞到南海。水沟里的麻雀讥笑鹏鸟："它要飞到哪里去呢？我一跳就飞起来，不过数丈高就落下来，在蓬蒿丛中盘旋，这也是极好的飞行了。而它还要飞到哪里去呢？"正是因为大鹏鸟身体沉重，才能锻炼出一对坚硬的翅膀，飞往九万里的青天。正所谓"燕雀安知鸿鹄之志"，人生负重前行，只是因为有未竟之志，有未完的梦想而已。

接受生活的另一面

无论你愿不愿意,这就是生活的真相:它偶尔给予馈赠,但从来不保证一定会天遂人愿。

一些刚走出校园踏入社会的人,总对自己抱有很高的期望,认为以自己的学识和才干,应该从事体面的工作,拿更高的薪水,并得到更多的重视。

但事实上刚刚跨入社会的年轻人,由于缺乏工作经验,根本没办法委以重任,工作自然也不是他们所想象的那样体面。并且,当主管要求他去做一些工作时,他就开始抱怨起来:"我被雇来不是要做这种活的!""为什么让我做而不是别人?"对工作丧失了起码的责任心,不愿意投入全部的力量,敷衍了事,得过且过。长此以往,嘲弄、抱怨和批评的恶习,会将他们卓越的才华和创造性的智慧淹没,使之根本无法独立工作,最终成为没有任何价值的员工。

公司少你一个,照样能够运转,可自己却丢失了工作。相比之下,谁比较吃亏呢? 10个人当中至少有9个人会抱怨上级或同事的不是，很少有人能够认识到，自己之所以失业是失职的结果。有许多失业者是才华横溢的，只是他们对工作充满了抱怨、不满和谴责。要么怪环境条件不够好，要么就怪老板有眼无珠，总之，牢骚一大堆，积怨满天飞。

像每个硬币都有两面一样，生活也会有好的一面和不好的一面，如果一味地希望远离那些自己无法控制和认可的坏事情，无法忍受和改变，那么一定无法享受到生活带来的快乐与美好。

生活并非总是一帆风顺，我们需要接受它的好，也要直面那些无法控制的坏结果，而且很多时候，能够接受生活最坏的一面，是享受美好生活的一个重要前提。

我们总是习惯性地假设自己有多么漂亮，多么富有，多么有才干，甚至习惯性地幻想着能够将一切美好的事情都归到自己身上。但假设终究是假设，我们依然要面对生活，面对一个平凡的自我。逃避或者幻想，只能增加生活的困扰，只能在无意义的举动中凸显出人生的无可奈何。

总有许多事情是我们无法控制和改变的，例如出身、环境、生老病死、意外或者灾难，这些往往让人感到无奈，但除了无奈，我们又能够做些什么呢？既然无法改变生活所带来的一切，那就不妨安然地接受生活的赠予，无论你想不想要，都无法改变必须面对的事实。无论你愿不愿意，这就是生活的真相：它偶尔给予馈赠，但从来不保证一定会天遂人愿。

不要为那些自己无法控制的事情而烦恼，不要为那些已经出现的结果而感伤。生活不会永远都给你设置一个完美的结果，你最终还是要亲自面对那些自己无法左右的事情。既然无法逃避也无法改变，为什么不坦然地去接受呢？我们也许没有能力改变自己的生活环境，但却有能力改变自己的生活态度，有能力决定以什么样的心态来面对生活。

有个旅行者住在一个旅馆中。他担心明天的天气会对自己的行程造成影响，于是就问旅馆老板："您认为明天的天气怎么样？"老板看着天空说："我想应该会是我喜欢的天气。"

旅行者追问："明天是个大晴天吗？"老板摇摇头。旅行者接着问："那么是阴雨天吗？"老板依然摇头。旅行者感到有些奇怪："您既然不知道明天的天气，又怎么会知道明天会是你所喜欢的天气？"老板微笑着回答说："早在很久以前，我就知道了自己根本没有办法决定天气，所以无论天气怎样，我最终都会很喜欢。"

比尔·盖茨说："生活是不公平的，你要去适应它。"当遭遇挫折时，我们习惯于抱怨，习惯于指责，但是，对于这些不顺利的境况，抱怨和指责究竟能起到什么作用呢？不能带来改变，甚至无法换来一些同情。

　　生活中难免会有不公正的事情发生,每个人都希望能够快速地做出改变,给自己创造一个更加美好的生存环境,但这多半都行不通,或者说只是一厢情愿而已,真相是你往往继续挣扎在现有的环境中。人人都想象贝多芬那样掐住命运的咽喉,但总被生活中一些事实扼住自己的喉咙。

　　我们需要充分发挥自己的主观能动性,但是更要懂得尊重客观事实。当事情毫无改变的可能时,我们何不欣然接受呢?因为在这种情况下,任你再如何发挥能动性,也无法做出任何有效的改变,只是徒劳地浪费时间和精力而已。

　　生活中总是有许多不顺心的事情,最明智的做法就是先适应它们的存在。唯有暂时适应环境,做个心平气和的人,才能在生活中寻找到更多改变的机会。

存真诚的心，做真诚的事

　　人生就是一个做人的过程。如何做，做成什么样，都掌握在你自己的手里。

　　"永远不要在背后批评别人，尤其不能批评你的老板无知、刻薄和无能。因为这样的心态，会使你走上坎坷艰难的成长之路。"这是比尔·盖茨送给年轻创业者的一句话。在没有开始创业，没有当上老板之前，一定会有一段时间在为别人打工，要想当好老板，必须先做一个会为老板做事、深得老板欣赏和喜欢的人，这样以后自己才可以做好老板。

　　一些刚刚走上职场的年轻人，往往心比天高，觉得自己无所不能，只是怀才不遇，而老板则一无是处，只是运气好一些而已。实际上比尔·盖茨用这句话来告诉年轻人，想走向成功，想成为富人，要有一种开放、健康的心态，没有一个人的成功是偶然的，每一个成功者都有他们成功的理由，也都有他们艰辛的付出。

　　可能下班之后你陪女朋友逛商场购物时，你的老板还在加班；

假日你陪家人一起放松的时候，你的老板可能舍弃与家人团聚的机会，接待从外地来的客户；当你为手头的工资不满时，可能你的老板为了给你发工资，刚从银行贷了一笔款。没有人能随随便便成功，你没有成功，你的老板成功了，绝对不会仅仅是因为他运气比你好。

如果因为某些原因，你的老板做错了很多事情，确实到了你必须批评他的地步，那么，你一定要注意批评的方式，批评的时间，批评的力度和批评的艺术。你在批评老板之前，先要从对方的角度想想，为什么他要那样做，是不是有难言之隐，在这种情况下，对那些无伤大雅的事，你就应该以关心代替批评，这样会使对方更容易接受。有时候，日常闲谈中蜻蜓点水，像学生讨教老师般让老板自己醒悟过来，老板会觉得你是个有人情味的得力助手，你在公司的前景也会光明起来。

批评老板，必须注意批评的语调，切勿语重伤人，以免酿成不良后果。无论自己多么有理，仍要谨记自己只是个下属，尊重老板就是保护自己。相比批评来说，你最好多当众赞美你的老板，即使对老板有看法，有想法，或者老板做错了事情，你也要私下批评。谁都喜欢听赞美的话，而且假如这种溢美之词是当众听到的，就会更加觉得有面子；反之，有关批评的话最好私下说，这样除了能照顾到对方的面子外，对自身的形象也会产生好的影响。

此外，世界上没有十全十美的人，不可随随便便说人家的短处，或揭别人的隐私。首先你要明白，你所知道的关于别人的事情不一定可靠，也许另外还有许多非你所知的隐衷。你若贸然把所听到的片面之言宣扬出去，颠倒黑白，混淆是非，待事后你完全明白真相时，你还能更正吗？人间的关系大半如此复杂，若不知内幕，就不宜乱说。

生活中，我们身边有一种人很令人讨厌，此类人专好兴波助浪，把别人的是非编得有声有色，夸大其词地逢人就说，世间不知有多少悲剧由此而生。要是有人向你说某某人的短处时，你唯一的办法是听了就忘，像别人告诉你的秘密一样，谨缄君子之口，不可做传声筒，并且不要深信这片面之词，更不必记在心上。

在这个充满竞争的世界里，动辄就说上司坏话、说自己怀才不遇的人，其实是最可悲、最可怜的人。这些人在内心深处，其实自卑而又自我。他们认为自己受到不公平的待遇，认为自己还可以做更重要的事情，担当更重要的职务，拿更多的薪水。但是，他们却只是在抱怨，没有去积极地争取。

人生就是一个做人的过程。如何做，做成什么样，都掌握在你自己的手里。一个创业者只有先正确地评判自己，才有资格评判他人。虽然世界上有一些尔虞我诈的丑陋事情发生，但是，任何时候世界的价值观，都是谴责卑鄙、弘扬光明；任何时候，做人都要光明磊落，不论与什么人相处，总要凡事真诚，存真诚的心，说真诚的话，做真诚的事，就能得到别人的理解和赞同，就能得到别人的信任和支持。

你的心态就是你真正的主人

心中没有阳光的人，势必难以发现阳光的灿烂；心中没有花香的人，也势必难以发现花朵的明媚。

人生是一场艰苦的跋涉。在人生的道路上，有阳光雨露，也有暴风骤雨，唯有保持良好的心态，才能坦然地面对所遭遇的一切。

心态是一个人的心理态度，即人的各种心理品质的修养和能力，它对人的思维、言谈和行为动作具有导向和支配作用。正是这种导向和支配作用决定了人们事业的成败，决定了人们的命运。

有一个名叫梅根的老太太，她的邻居跟她同年，她们在一起庆祝了七十大寿。邻居太太认为"人生七十古来稀"，自己已经七十岁了，可以安心去见上帝了，因此，决定坐在家中慢慢等死。而梅根老太太则认为一个人想做什么事，不必考虑年龄的大小，想做就可以去做。

于是，她从七十岁开始学习登山，在九十五岁的时候，她登上了日本的富士山，打破了这个年龄攀登富士山的记录。同样是感到自己已经七十岁了,那位邻居太太选择足不出户,结果在几年后就去世了;而梅根夫人则让自己的暮年重新变得绚烂。

人生不如意事十之八九。有些人稍不如意便长吁短叹,甚至为之付出生命的代价,可人只有一次生命啊!小小的心结为什么就打不开呢?形成心结的诱因其实无非感情破裂、家庭冲突、事业受挫、人际失和这些,归根究底,还是在于一个人看待世界的方式和对待事情的态度。

从前有一位母亲,有两个儿子,大儿子是卖盐的,二儿子是卖伞的。下雨了,母亲担心大儿子的盐受潮了,卖不出去;天晴了,妈妈又担心天不下雨,二儿子的伞卖不出去。就这样,无论天晴还是下雨,她都没有开心的时候。

有一天,她遇到一位先生,对他讲了自己的担忧。先生问她:"为何你不换一种心态来看这件事呢?如果下雨了,二儿子的伞就能够多卖出去;如果天晴了,大儿子的盐也就好卖了,你要是这么想,不是就可以整天都开心了吗?"

天还是老样子,时晴时雨,只是改变了一下自己的想法,忧郁就变为了喜悦。

可见,一个人幸福与否,关键在于心态。心态变了,一切都变了,心态决定着美好与丑陋,决定着成功与失败,决定着痛苦和幸福。我们不只是生活在现实社会中，更生活在自己的心态中。佛经说："物随心转，境由心造，烦恼皆由心生。"心态决定我们的人生。

一个人应当努力摒弃自己人性上的弱点，保持宁静而豁达的心态。成功时，不骄躁；失败时，不气馁；得意时，不癫狂；失意时，不颓废。只有这样，才能经受苦难的磨炼，抚慰失意的痛苦，宽容他人的过失，寻回生命的美好。

美国总统罗斯福家中失盗，被偷去了许多东西。一位朋友知道消息后，写信安慰他。罗斯福给这位朋友回信说："亲爱的朋友，谢谢你来信安慰我，我现在很平安。感谢上帝，因为：第一，贼偷去的是我的东西，而没有伤害我的生命；第二，贼只偷去我部分的东西，而不是全部；第三，最值得庆幸的是，做贼的是他，而不是我。"

一个人的内心如果充满阳光，那他就一定充满智慧。就如同中国古代"塞翁失马"的道理一样，罗斯福在遇到失窃之后，没有用消极的心态去面对，而是内心充满了感恩与阳光，这又何尝不是一种帮助他成就伟大事业的智慧呢？

成功学大师拿破仑·希尔在他的《积极心态的力量》一书中，总结出一条著名的成功公式：

对于任何人而言，只要你拥有正确的心态，就离梦想更近了一步。

面对同样的一件事，你用积极的心态去面对，和用消极的心态去面对，结果是截然不同的。

有这样一则小故事：

有三个工人正在一起砌一堵墙。

有个过路人问："你们在干什么？"

第一个工人无精打采地说："没看见吗？我们正在砌墙。"

第二个工人抬头笑了笑说："我们在盖一栋漂亮的大楼。"

第三个工人一边干活一边哼着歌，他抬起头认真地说："我们在创造美好的生活。"

十年之后，第一个人仍在工地砌墙，第二个人早就当上了一名工程师，第三个人已经成为一名负责建筑工程的总经理。

法国作家萨克雷说过："生活是一面镜子，你对它笑，它就对你笑；你对它哭，它也对你哭。"人的一生，会有很多不如意的事情。面对生活中的这些不如意，是要一味地埋怨生活，变得消沉、萎靡不振，还是应该有坚定乐观的态度，在逆境中奋发图强？

心中没有阳光的人，势必难以发现阳光的灿烂；心中没有花香的人，也势必难以发现花朵的明媚。

所以，在生活中我们要保持平常心，从容不迫地面对一切，要以积极乐观的精神去思考和行动，然后才能获得我们想要的结果。

用乐观的心态对待人生，你便为自己的生命开掘了一眼永不枯竭的幸福之泉、成功之泉。

第四章

没有伞的孩子，只能努力奔跑

只有经历过地狱般的折磨，才有征服天堂的力量。只有流过血的手指，才能弹出世间的绝唱。

改变自己，就能改变人生

我们想多大程度地改变世界，就得在多大程度上改变自己。

做人最大的乐趣在于通过奋斗去获得想要的东西。所以，有缺点，意味着我们可以进一步完美；有匮乏之处，意味着我们可以进一步努力；有遗憾，可以为了让人生变得更美好而努力改变自己。

每个人都是组成社会的分子，一个分子发生了一丁点儿变化，世界也会和之前不一样了。所以，我们想多大程度地改变世界，就得在多大程度上改变自己。

亚利桑那州立大学的心理教授罗伯特·西奥迪尼是美国著名的心理学家。有一天，他在纽约结束了一天的工作之后，乘地铁去时代广场站。当时正值下班乘车的高峰期，人流像潮水一样沿着台阶蜂拥而下直奔站台。

突然，罗伯特·西奥迪尼看到一个衣衫褴褛的男子躺在台阶中间，闭着眼睛，一动不动。

赶地铁的人们都像没看到这个男子一样，匆匆从他身边走过，个别的甚至是从他身上跨过。

看到这一情景,罗伯特·西奥迪尼感到非常震惊。于是,他停了下来,想看看到底发生了什么。就在他停下来的时候,耐人寻味的转变出现了:一些人也陆续跟着停了下来。

很快,这个男子身边聚集了一小圈关心他的人,人们的同情心一下子蔓延开来。有个男人去给他买了食物,有位女士匆匆给他买来了水,还有一个人通知了地铁巡逻员,这个巡逻员又打电话叫来了救护车。几分钟后,这个男子苏醒了,一边吃着食物,一边等待着救护车的到来。

人们渐渐了解到,这个衣衫褴褛的男子只会说西班牙语,且身无分文,已经饿着肚子在曼哈顿的大街上流浪了好几天。他是因为饥饿而昏倒在地铁站的台阶上的。

为什么起初人们会对这个衣衫褴褛的男子视若无睹、漠不关心呢?

罗伯特·西奥迪尼认为,其中的一个重要原因是:在熙熙攘攘、匆匆忙忙的人流中,人们往往会陷入完全的自我状态,在忽视无关信息的同时,也忽视了周围需要帮助的人。这就像一位诗人说的那样,我们"走在嘈杂的大街上,眼睛却看不见,耳朵却听不见"。在社会学中,这种现象被称为"都市恍惚症"。

为什么后来人们对这个衣衫褴褛的男子的态度会有了较大的改变呢?

罗伯特·西奥迪尼认为,其中一个最重要的原因是,有了一个人的关注,致使情况发生了变化。当时,自己停下来,仅仅是要看一下那个处于困境的男子而已。路人却因此从"都市恍惚症"中清醒过来,从而也注意到了这个男子需要帮助。在注意到他的困境后,大家开始用实际行动来帮助他。

因为看到别人的善举,而自身的心理受到了冲击,进而引发出行善的愿望和行动,心理学家将这种变化称为"升华"。心理学家的研究表明,帮助病人、穷人或者是其他处于困境中的人,最容易引起人们的"升华"。尽管这些助人为乐的善事,不一定都是轰轰烈烈的大事。

从心理学家罗伯特·西奥迪尼的故事,让人联想到英国一位主教的墓志铭:

少年时,意气风发,踌躇满志,我当时曾梦想改变世界。

但当我年事渐长,阅历增多,发现自己无力改变世界。于是,我缩小了范围,决定先改变我的国家,可这个目标还是太大了。

接着我步入了中年,无奈之余,我将试图改变的对象锁定在最亲密的家人身上。但天不遂人愿,他们个个还是维持原样。

当我垂垂老矣之时,终于顿悟:我应该先改变自己,用以身作则的方式影响家人。

若我能先当家人的榜样,也许下一步就能改善我的国家,再以后,我甚至可能改造整个世界。

不错,自己先改变了,身边的一些人就可能会跟着改变;身边的一些人改变了,很多人才可能会跟着改变;很多人改变了,更多的人就可能会改变……从这个意义上可以说,先改变自己,才可能改变世界。

这辈子真是说短不短,说长不长,不断逝去的日子逼迫我们担心,为身边的人和物,也为不断出生和逝去的人。

这一切都是很残酷的。我们不去尝试改变,就只剩下恐惧,没有做的勇气,就徒有一身空想家的本领。这其实是懦弱的行为,是毫无意义的。

不会的时候,尝试赌一把,反正停下来和前方无路都是一样。赌,却能将你的全部潜能激发出来,让你变得和战神一样,不再和碌碌无为的人一个档次。

打开一扇窗,更深地了解自己

学会用自己的眼睛和心灵观察这个世界,积累技能,平和心态,用更多的自己个人的思考,来进行一份不可复制的成功。

提到成功学,我们会想到网上的一位"红人"——陈安之。提到他,很多人会很反感。不过,"见贤思齐,见不贤而内自省",不论如何,我们在他身上都能学到东西。

在网上,陈安之的成功学文章很多,下面摘取一段:

世界上,一定有人比你丑、比你矮、比你学历低……各种条件都比你差,但成就比你大无数倍。为什么?中国有6万个亿万富翁,平均年龄37岁,95%白手起家,其中有你吗?比你成功100倍的人,比你聪明100倍吗?如果你想拥有智慧,并获得财富、爱情、事业;如果你想只用三个月就彻底改变人生……一定要认真读完下文。

成功一定有方法,失败一定有原因。95%的人不愿意花几天时间找方法,如果你愿意,将会超越95%的人,成为那5%的人!你不成功,不是因为能力不行,而是因为学习不够,或没选对教练!在任何行业中，人都分为两类：领袖、追随者。99%的人根本不知道如何成为行业领袖，剩下1%成为领袖的人却不愿分享成功的秘诀。但我不同，我不仅知道，而且愿意分享。教你的是普通人，你就得到普通的结果；教你的是成功的人，你就得到成功的结果；教你的是顶级的人，你就得到顶级的结果。只有行业的第一名，才能教你成为行业第一名的方法！只有学习成功者证明有效的经验，才能快速改变命运！所以不是你不行，而是你不知道跟谁学。你可以花10年、20年，甚至一辈子来慢慢摸索成功之道，也可以立刻用成功者的方法快速迈向成功！如果你不想一辈子只拿每个月3000元、5000元工资，如果你不想一辈子让你的公司业绩不增长，如果你不想一辈子被父母、儿女、妻子看不起，如果你不想被财务危机折磨得死去活来，如果你不想看到仓库里的产品没有销路……你应该来找我，现在还不晚。

陈安之有句名言："要成功，先发疯，头脑简单往前冲！""成功，靠的是强烈的动机、充足的理由、坚定的信念。精神的力量是无穷大的。"

一篇小短文《陈安之首度公开价值50亿的十句话》概括了他的主要观点，内容如下：

一、今天，我开始新的生活！

二、我是最棒的！

三、成功一定有方法！

四、每天进步一点点！

五、我微笑面对全世界！

六、人人都是我的贵人！

七、我是全世界最好的推销员！

八、我热爱我的事业！

九、我要立即行动！

十、我要坚持到底，绝不放弃！

排斥成功学的人很多，喜欢的人也不少。还有一些人，开始时排斥成功学，但后来却信了。为什么？原因有很多种，比如：

成功需要长期的坚持，也需要激情。如果有人能激起你的激情，让你从沉睡中醒过来，很不错。

成功学直接告诉大家"想发财，来找我"，这个许诺太诱人了。

有的人不愿意脚踏实地、缓慢积累。此时，如果有人要教他"速成"之法，他的魂就被勾走了。

不可否认的是，成功学确实有催人积极向上的因素，很多人，在初入职场或者刚接触社会的时候，迷茫懵懂，不清楚自己发展的方向，不知道自己要干什么，再加上人际和工作上不可避免地会受到一些打击，很容易消沉下去。这时我们被成功学告知，我们之所以陷入困境，是因为心态有问题，我们要调整好自己的心态，用积极的态度去改善自己，融入环境……这种态度，起码会引发你的一些思考，让你的思维打开一扇窗，让你更深地了解自己，发现自己，这并不是一件坏事。相反，确实能起到相当的激励作用，甚至帮助你走出困惑。

只是，在到达某个阶段以后，你必须放弃成功学的那一套，学会用自己的眼睛和心灵观察这个世界，积累技能，平和心态，用更多的自己个人的思考，来进行一份不可复制的成功。

成功学不是真理，真正的真理是通由自己的身体证悟的。对于一个证悟者而言，那个真理只是自己的真理，但对别人来说，或许那根本算不上是真理。你必须用自己的努力，自己的实践去证悟，那个属于你的一个人的真理。

不投降,生活就是你的

只有经历过地狱般的折磨,才有征服天堂的力量。只有流过血的手指才能弹出世间的绝唱。

路是脚踏出来的,历史是人写出来的。人的每一步行动都在书写自己的历史。历史上有影响的人物都是果断并且绝不服输的人。一个人如果在关键的时候软弱下去,他将不能把握自己的命运,甚至失去生命。而坚定的人并不是拥有更好的条件,他们只是最大限度地利用已有的条件,迅速采取正确的行动而已。

有一部电影中有这样一个情节:在一次剿匪中,赵爷爷和战友弹尽粮绝,在撤退的半路上,他不幸掉队了。

黄昏,赵爷爷从一块巨岩背后拐出来,迎面撞上了一个残匪。赵爷爷和匪徒几乎同时端起手中的枪指向对方。

赵爷爷明白,要想保住性命,自己必须做出强硬的态度,只要稍微迟疑,就有可能被对方看出破绽。

他与残匪对峙着,目光对着目光,枪口对着枪口,意志对着意志。

当时,赵爷爷已经一天没吃东西了,加上连日剿匪的奔波,他的身体已经快支撑不住了。但有一个念头一直支撑着他:投降的不能是自己!

看上去匪徒的状态显然不比赵爷爷强多少,双目无光,惊恐的脸蜡黄蜡黄的,十足像惊弓之鸟。

赵爷爷端着枪,用顽强的意志使身躯山一般地矗立着,锐利的目光直逼匪徒的双眼。

五分钟,十分钟,半个小时过去了,匪徒端起的枪慢慢抖动起来。突然,他扔掉枪,瘫倒在地。

赵爷爷露出微笑,他竭力控制住自己才没晕过去。接着,他顺手扯住一根结实的葛藤,走过去,将匪徒的双手紧紧反绑起来。他拿过匪徒的枪,发现弹匣里面也没有子弹。

此时,赵爷爷再也支持不住了,一屁股坐到地上,大口喘起气来。

这个情节让我久久不能忘怀。

是啊!无论遇到多么大的挫折,多艰难的境地,哪怕还有一口气,也要站着,决不能趴下。要想战胜对方,就要先战胜自己。狭路相逢勇者胜,即使必须有一方投降,投降的,也绝不应该是自己。

不肯投降,生活就是你的。

一个不肯投降的人，才是内心真正强大、真正有思想的人。

内心强大，才表明他对这个世界、对社会、对人生，已经有了一整套比较完整的看法。当一个人内心中有了坚定的观点和牢固的信念，他就不会向生活投降。相反，一个人思想中内核的东西如果经常被改变，那么，他对自己想要什么，自己想过怎样的生活，就会毫无主见。

信念内核就是你的世界观、人生观与价值观，关系着你怎样看待这个世界，你怎样认识人生，你怎样看待幸福的标准。这些东西在一个内心强大的人那里是完全圆通自洽的。因此，不肯投降的人并不是不肯改变，而是即使不改变自己处于信念内核中的东西，也终将会做生活的主宰。

春蚕到死丝方尽，人至期颐亦不休。一息尚存须努力，留作青年好范畴。

成功者从来不半途而废；成功者从来不投降；成功者们不断鼓励自己，鞭策自己，并反复去实践，直到成功。为了使你成功，要练习表里如一的行动。在睡觉前练习，在醒来后练习，在广场上练习，在汽车中练习，让成功成为你的习惯吧！

爱默生告诫我们："当一个人年轻时，谁没有空想过？谁没有幻想过？想入非非是青春的标志。但是，我的青年朋友们，请记住，人总归是要长大的。天地如此广阔,世界如此美好,等待你们的不仅仅是需要一对幻想的翅膀,更需要一双踏踏实实的脚。"

只有经历过地狱般的折磨,才有征服天堂的力量。只有流过血的手指才能弹出世间的绝唱。

生活只有在平淡无味的人看来才是空虚而平淡无味的。实际上,再平静的水面下面,也隐藏着看不见的漩涡。你的人生犹如一条船,你要有掌舵的心理准备。即使面对再突然再凶猛的风浪,也不能失去拼命向前的精神。

没有伞的孩子，只能努力奔跑

无论做什么事，只要你想着要比别人做得好，那么你就像在瓢泼大雨中努力奔跑的人，积极地为自己创造机遇。

如果你碰到一个雨天，下着很大的雨，最要命的是你没有伞，你会怎么样？是努力奔跑，还是漫步雨中？

这让我想起了一个故事：有两个人在街上闲逛，突然天空下起了大雨，路人甲拔腿就跑，而路人乙却不为所动，还是保持着不紧不慢的步伐。

路人甲好奇地问："你为什么不跑呢？"路人乙回答说："为什么要跑，难道前面就没有雨了吗？既然都是在雨中，我又为什么要浪费力气去跑呢？"路人甲无语。

故事中的路人甲和路人乙，在面对同一问题时，表现出的是完全截然不同的两种态度。一个人在瓢泼大雨中努力奔跑，一个在大雨中却表现得淡定如初。虽然跑与不跑，都是在瓢泼大雨中，但是心态不同，过程不同，结果自然就不同。

按照路人乙的逻辑，跑得快也照样淋雨，甚至淋得更多，因为有可能迎着雨。所以，索性不跑，也许这只是一场骤雨，来得快去得快。由此可见，在雨中奔跑只是徒劳无功的事，不如顺其自然，保持一个淡定的心态，一样会等到雨过天晴。

但在奔跑的路人甲看来，下雨虽然没带伞，但我可以快点跑，以找个地方避雨，少挨些淋。淋多了雨感冒了，更不划算。所以，与其被动地被雨淋，不如主动一些。

在现实生活中，绝大多数人如路人甲和路人乙一样，都是没有伞，却刚好碰到大雨的孩子。没有伞，是指我们都很平凡，如我们的父母一样。平凡不是我们低调，而是我们没有高调的资本。

我们父母只是普通人，无法给我们遮风避雨的伞，我们在人生的路上碰到的雨都会比别人大一些，而别人告诉我们说，这是老天爷在考验我们。于是，我们很积极地去迎接每次挑战，去接受每一个让我们刻骨铭心的考验。一次又一次，换回的是泪水和汗水的交织，或许很快找到避雨的屋檐，或许一直奔跑在大街上。

不是我们没有选择，我们可以选择平淡，选择等待，但我们选择了一条更难的路。因为我们是没有伞的孩子，所以我们选择了在雨中努力奔跑。

"努力奔跑"意味着一种积极的心态，有了这种心态，能让人在遇到困境时没有犹豫，没有抱怨，积极面对，迎接挑战。而"无动于衷"意味着一种消极的心态，在困难来临时，消极被动，逆来顺受，不思进取，一直想着退缩。

无论做什么事，只要你想着要比别人做得好，那么你就像在瓢泼大雨中努力奔跑的人，积极地为自己创造机遇，迎难而上，在这个过程中，你会做得更好。

你今天得到的生活和成就，就是你昨天努力的结果；明天的生活和成就，今天的努力就是决定因素。

不管自己目前的人生状况如何，你都不能怨天尤人，也不必抱怨生活，而要积极乐观地去接受生活赐予的一切，珍惜拥有的，把平凡的每一天过得不简单。

如果你没有伞，那就努力奔跑吧！时间一长，总有一天，当你站在人生顶峰的时候，你会感谢今天奋斗的自己。

我不记得看过多少遍《阿甘正传》，人们都熟悉那句经典台词："人生就像一盒巧克力，你永远不知道自己会遇到什么。"

阿甘从小到大都在奔跑。小时候为了躲避其他孩子的欺负而奔跑；后来因为跑得快而进了大学橄榄球队；再后来跑进了全美明星受到美国总统接见；再后来到了越南战场，在硝烟烈火中跑着救出了战友，然后被授予荣誉勋章……

人生是一场奔跑，许多事情我们无力改变，唯一不能变的，是对人生的追求和向往的心志。一个人唯有永不停息地奔跑，才能为自己的生命，赋予独特的质地和内涵，才能把梦想拉进现实。

修正自己的航向，规划自己的人生，积蓄勇敢的力量，风雨无阻往前闯。

突然想起羽泉的歌《奔跑》："随风奔跑自由是方向，追逐雷和闪电的力量，把浩瀚的海洋装进我胸膛，即使再小的帆也能远航……"

想来，它契合了我一直以来，对人生的理解和一种生活的状态。

就像雨中奔跑的孩子那样，雨再大，也可以选择奔跑。当然，奔跑起来可能会被雨打得生疼，可能跑了不久，雨就停了，路上，没有奔跑的人纷纷嘲笑你过分紧张。但别忘了，虽然有时候努力了未必能得到，但不努力就一定得不到。

奔跑的途中，不要抱怨人生的不公，不要埋怨生活对你亏欠太多，害得你可怜兮兮地淋着雨，别忘了，靓丽的人生是靠自己争取的。

用一种快乐的心态去奔跑吧，让别人快乐是慈悲，让自己快乐才是智慧。人生的快乐莫过于做自己，走自己的路，淋自己的雨，跑自己的马拉松。

奔跑的途中，遇到困境并不可怕，可怕的是我们失去自信和斗志。请学会欣赏自己，鼓励自己并且相信自己。怀着一颗充满希望的心，是披荆斩棘迎面而上的法宝，心情晴朗，世界就美好，哪怕遇上再大的雨，我们也要坚信，雨过天会晴的。

人生就是一场雨中的奔跑，如果你有伞，恭喜你，请珍惜这份幸运；对大部分没有伞的人来说，我们还要继续奔跑在路上。请扬起你的嘴角，带着你的微笑，去感恩这段寻常又不一般的路给我们带来的成长！

在命运面前,勇气会颠覆一切困境

追求梦想的岔路上,总是要拿出勇气选择的,屈服于逆境、放弃梦想是可悲的。在命运面前,勇气会颠覆一切困境。

被嘲笑的梦想,也有实践的价值,因为勇气,可以颠覆一切困境。即使前进的路上总会遇到别人否定的目光,但你一定要相信:在命运面前,勇气会颠覆一切困境。

米老鼠和唐老鸭的"爸爸"是华特·迪斯尼。华特·迪斯尼不但画出了风靡全球的米老师和唐老鸭,还以它们为主角拍摄了有声动画片和彩色动画片,并且,为这些银幕卡通形象在全球建造了迪斯尼乐园,造就了一个卡通娱乐王朝。

迪斯尼在上小学的时候,对绘画和冒险小说特别入迷,他喜欢读马克·吐温的《汤姆·索亚历险记》,更喜欢天马行空地进行创作。在一次绘画课上,迪斯尼充分地发挥自己的想象力,把一盆花朵都画成了人脸,把叶子画成人手,并且每朵花都有各自的表情。

多么丰富的想象力啊!创作对孩子来说,是一件非常值得肯定的事。然而，循规蹈矩的老师根本就不理解孩子心中那个奇特的世界，竟然认为迪斯尼这是胡闹，说："花怎么会像人呢？不会画画，就不要乱画！"迪斯尼辩解说："这些花儿都是会说话的，有时我都能听到呢！"老师非常气愤，就把迪斯尼拎到讲台上狠训了一顿，还告诫他说："以后不许再乱说乱画，胡思乱想！"值得庆幸的是，这位老师并没改掉迪斯尼乱画的这个"毛病"。

中学时期，迪斯尼负责校刊中的漫画，他总喜欢在漫画中体现自己的想法。这时，第一次世界大战爆发了，中学刚毕业的迪斯尼为了见见世面，报名当了一名志愿兵，去欧洲做了一名汽车驾驶员。闲暇的时候，他经常创作漫画作品，并寄给国内的幽默杂志。然而，他的作品无一例外地都被退了回来，理由是：作品太平庸，作者缺乏才气和灵性。但是，迪斯尼却对自己信心满满，并决定日后要成为一名漫画家。

战争结束后，回到美国的迪斯尼拒绝了父亲要他到自己持有一点股份的冷冻厂工作的要求，他要去实现他童年时就立誓实现的画家梦。

他来到了堪萨斯市，拿着自己的作品四处求职，终于在一家叫普雷斯曼鲁宾的广告公司找到了一份画家的工作。然而，他只干了一个月就被辞退了，理由是公司认为他缺乏绘画能力。接下来的一段时间，迪斯尼的绘画能力一再被各方面否定。

他和一位同事合伙成立了一家美术公司，然而总共才挣了135美元，公司成立不到一个月就停业了。

为了给个人"充电"，他进了堪萨斯市广告公司，并在这里学到了不少拍摄电影和动画的技术。经过了两年的历练，迪斯尼觉得自己已经有足够的经验了，于是成立了一家动画公司，但这家公司也没避免倒闭的命运。

成功人士的特征首先是他们都有梦想，并且坚信梦想最终定能实现；其次，他们不懈努力，绝不轻言放弃。

迪斯尼没气馁，他和哥哥一个废弃的仓库里，又重新成立了一家公司。尽管历尽了坎坷，但是金子终会发光的，就在这家公司成立的当年，米老鼠在迪斯尼的笔下诞生了。此后历经坎坷，迪斯尼又陆续创造出唐老鸭、匹诺曹、白雪公主和七个小矮人的形象，同时，他先后制作出受人欢迎的动画短片和动画长片。特别是制作有声彩色动画长片《白雪公主》的时候，他将这部动画长片设定为一个半小时的长度，而当时的短片大多只有十几分钟。这部片子投资巨大，迪斯尼不得不把前几年赚的钱都投进去，还将自己的片厂抵押了出去。这举动让所有的人，包括自己的哥哥，都认为迪斯尼准是疯了。

然而，在他人的冷嘲热讽中，这部在当时看来超长的动画片大获成功，票房和口碑得到了双赢，成为动画片史上的一个里程碑。

《纽约时报》这样评价迪斯尼："华特·迪斯尼白手起家，仅凭着一点绘画才能，永远不被认可的天赋想象力，以及百折不挠的决心，成为了好莱坞最优秀的创业者和全世界最成功的漫画大师。"

岁月是公正的，正是绘画的能力、天赋的想象力和百折不挠的意志，支撑起了他生命的辉煌。迪斯尼被公认为是一名创意型人才，他的想法虽然一直被怀疑，甚至被嘲笑，但这反而激起了他坚持下去的勇气。

追求梦想的岔路上，总是要拿出勇气选择的，只要我们坚持，就没有人能阻挡我们的梦想。屈服于逆境，放弃梦想是可悲的。不要因他人的评价而否定自己，要知道，越是被嘲笑的梦想，才越有实现的价值。只要沿着自己的梦想之路走下去，奋斗不懈，最后就一定会收获喜悦。

生命不息，折腾不止

人生就像长跑一样，"折腾"的人生不寂寞，"折腾"的人生注定不平凡。

"作"字，从"人"，从"乍"，意味着人突然站起来要开始干点什么。这就是说，如果我们想要到达远方，就必须先站起来，出发，作，才能到达。事业并无大小，大事小做，大事会变成小事；反之，小事则会做成大事。活鱼都是会逆流而上的，死鱼才会随波逐流，不进则退。

生命的意义在于折腾，于是我们尝试，一次又一次，有的人是温水煮青蛙，有的人是飞蛾扑火，有的人是破茧成蝶，结果虽总是千差万别，但却都勇于尝试过，折腾过。世界上最美好的东西，都是由肯于努力的手做出来的。

有的人，"创业路上受过委屈白眼，却从不忍气吞声，在不断折腾中散发出浓浓的正义与情怀，是我们这个时代的榜样"。我始终相信，越有生命力的人越爱折腾，越能折腾的人，命运就越跌宕起伏，但也越会产生奇迹。

在一次国际马拉松比赛中，获得冠军的选手被记者团团围住，当有人问他是什么支撑他跑完四十多公里的时候，他讲了自己的这样一次经历。

他读中学的时候，参加过人生中的第一次马拉松比赛，然而，就是那次马拉松让他懂了很多。

比赛刚开始的时候，年轻的他跑得飞快，但是还没跑到一半，双腿就变得沉重无比，速度也渐渐慢了下来。这时，一辆专门负责接送那些跑不动的选手的车子从他身边缓缓驶过，看着车子上的座位，他差点决定放弃比赛，上车好好休息，不再折腾自己了。但是这个想法只是转瞬即逝，因为他一想到这是自己的第一次比赛，就打消了半途而废的念头。于是，他继续向终点缓慢地跑着，慢得不比走路快多少。

校车又一次从他身边经过，他还是没有登上校车，他想：大概也快到了吧！于是还是选择继续往前跑。当他连走路的力气都没有了的时候，他来到了一个小山坡下。这个小山坡对于已经筋疲力尽的他来说，就像是巍峨的高加索山，他觉得自己再也不可能爬得过去了，于是才筋疲力尽地登上了又一次从身边缓缓驶过的校车。

他刚喘了几口气，便透过车窗，看到了终点。原来翻过这个山坡就到了终点——刚才只要再坚持一分钟,他就能完成比赛。这时的他,悔得肠子都青了。

从此以后,他每次只要感觉到自己跑不动的时候,就会对自己说:"再坚持一分钟,快到终点了!"正是这句话支持他跑完了一次次的马拉松,最终让自己跑上了世界冠军的领奖台。

人生就像长跑一样,"折腾"的人生不寂寞,"折腾"的人生注定不平凡。

只有"偏执狂"才能成功,因为他们敢于不计代价地去折腾。只要有目标,有方法,他们就敢于去做,就算暂时遭遇挫折,也能把它当成成长中的阶梯!

很多人不愿意努力的原因是,认为自己不具备某种能力。可是我们要知道,能力不是天生具备的,都是在折腾中渐渐拥有的。每个人生下来都是不会说话,甚至不懂别人说话的意思,只能揣摩,可是最后不也是磕磕绊绊地学会了说话吗?每个人刚出生时,连脖颈都立不起来,只能哭闹着划拉小手小脚表达自己的不满情绪和诉求,可是终究不也是学会了走跑跳蹦了吗?

放下一切思想上的包袱去"折腾"吧!很多能力都是可以通过努力,或者说是"折腾"发展起来的,不付出行动才是生活平庸的唯一原因。我选择与生活死磕到底,那么你呢?要一起来吗?

人生最宝贵的东西就是生命，生命只有一次，相同的时间里，比别人体验更多，你就拥有更多。趁着年轻，趁着时间与身体还允许你行走，请珍惜你上场的机会。远方若是吸引你，那就去"折腾"吧！

成功与平庸之间,只隔了一个目标

杰出人士与平庸之辈最根本的差别,并不在于天赋,也不在于机遇,而在于有无人生目标。

有一天,寺院要扩建殿堂,有一棵银杏树占了很大的地方,需要移栽,方丈命两个弟子去做这件事。

两人来到树前开始挖土移树,刚挖了几下,一位小和尚就对另一位小和尚说:"师兄,我这把铁镐的木把坏了。你等着,我去修一下再挖。"师兄劝他移完树再修不迟,他说:"那怎么行?用这样的镐要挖到什么时候啊!"

于是小和尚去找木匠借斧头,木匠说:"真是不巧,我的斧头昨天砍东西弄坏了,就让我用菜刀给你修一下吧。"小和尚听了说:"那怎么行,用刀修得又慢又不好,让我去找铁匠把你的斧头修一下吧!"

小和尚带着斧头去另一个村子找到铁匠,铁匠对他说:"我的木炭刚用完,你看……"小和尚放下斧头,又去山中找烧炭的人,烧炭的人对他说:"我已经好多天没有烧炭了,因为找不到牛车去把木料运到这里来。"小和尚又去找一位专运木料的车把势,车把势说:"我的牛这几天生病了。"

几天之后,当僧人们四处打听这位小和尚的行踪时,他正提着几包草药匆匆地从一个集镇向车把势住的村子中赶去。大家问他买药干什么,他说为牛治病,又问他为牛治病干什么,他说要用牛车运木料……挖树的事,他早已忘到九霄云外了。

在我们的生活中,每个人都会遇到或者经历这样的事。认认真真忙碌,辛辛苦苦奔波,到最后听到有人问"你在干什么"时,却惘然不知怎么回答,因为在不断转换中,那个最初的目标早已渐渐模糊,以致消失了。

一家研究机构曾对不同种族与年龄的人进行过一次关于人生目标的调查。最后发现,只有百分之三的人能够明确自己的目标,并知道怎样把目标落实,这是属于精神充实的一类人;而另外百分之九十七的人,要么根本没有目标,要么目标不明确,要么不知道怎样去实现目标,这是属于精神空虚的一类人。

十年之后,这家研究机构对上述对象再一次进行调查,结果令人吃惊:原来百分之九十七的那些人,除了年龄增长十岁以外,在生活、工作、个人成就上几乎没有太大的起色,还是那么平庸;而原来与众不同的百分之三的人，由于有了明确的人生目标，都在各自的领域里取得了成功，他们十年前提出的目标，都不同程度地得以实现，他们正在按原定的人生目标走下去。

原来杰出人士与平庸之辈最根本的差别，并不在于天赋，也不在于机遇，而在于有无人生目标。

对于没有目标的人来说，岁月的流逝只意味着年龄的增长，平庸的他们只能日复一日地重复空虚的生活。很多人都有过失业或者无事可做的时候，这段时间他们就会觉得日子过得很慢，生活也会空虚。有过这种经验的人都会知道，有事做不是不幸，而是一种幸福。因为那不仅仅是一份工作，它还是一个信念，一个目标。有了这种信念，人就不会空虚。

目标就是构筑成功的砖石，没有线路图什么地方也去不了。所以，我们可以把想做的事写出来，放在皮夹里，常拿出来看看，时刻提醒一下自己。

别让急躁害了你

我们不仅要学会奔跑,还要学会忍耐和等待。

有个很多人都很熟悉的故事:一位少年,渴望练就一身超群的剑术,便千里迢迢来到一座高山,求教于一位剑豪。

这位少年一心想早日成名,便问:"我决心勤学苦练,请问师父我需要多久才能学成下山?"师父答道:"十年。"

少年嫌太长,就说:"假如我全力以赴,夜以继日练习,需要多长时间?"师父说:"大概要三十年。"

少年大吃一惊:"为什么全力以赴反而要三十年呢?"

师父笑而不答。

少年又说:"若我决定不惜一切代价,拼死拼活地修炼呢?"

师父说:"那么,你至少得跟我学七十年。"少年冥思苦想,良久,终于大悟:这便是欲速则不达的意思。

俗话说得好,心急吃不了热豆腐。很多事情,欲速则不达。但是,由于时间的有限性,我们只有尽可能快地经历,才有可能经历更多，于是急躁就产生了。

我们时常看见这样一些人：

他们不愿意排队——去超市买东西，左顾右盼，总想找一个最短的队，有时候竟不顾众人厌恶而加塞；看到别的队列行进得快一些，就后悔自己没有选好队伍。

他们等不了红灯——十字路口遇到红灯，不是耐心等待，而是猛抢快行；开车时，总觉得前面的车太慢，一有机会就变道超车。

他们离不开手机——打电话、上网、发短信……手机没随身带着就心烦意乱；手机随身时，时不时拿起来看是否有新信息或未接电话，生怕有什么遗漏，哪怕只是听见别人手机响，他们也会下意识地看下自己的手机。

他们受不起委屈——被别人批评一下，心里就会产生剧烈的波动，十分不痛快，千方百计地寻求报复和反击；他们对别人的任何一点过错都不能接受，缺少包容心。

他们放不下身段——工作时总想投机取巧，走捷径，不愿意考虑该怎样循序渐进地解决问题；做学术时，不是踏踏实实搞研究，而是东拼西凑，搭花架子。

虽然说人生目标高，生活节奏快，是一种积极向上的表现，但随着节奏不断加快，对自己的要求越来越高，生活压力也越来越大。

一些人攀比心理重，干事急于求成，过于追求财富和地位，久而久之，负面情绪就把我们湮没了。

急躁使得我们为尽快达到目的，往往不经过仔细考虑或准备就行动，缺少耐心。浮躁使得我们面对变化中的社会，心中无底，不知所措，盲目恐慌，专注度不够，急功近利，这山望着那山高，为追速度、求效率，不愿意遵守规则，在求学、升职、挣钱等方面抄小道，甚至不惜代价地投机。暴躁使得我们盲目冒险，缺乏理性，一不顺心就激动、愤怒、争吵、大打出手，甚至引发暴力事件。一切急于求成的情绪活动都产生于我们的自我优先权。个人的自我中心意识使我们把自己看得比谁都重要，认为我们比谁都该更快地达成欲求。若我们的欲求不能如愿以偿地达成，比如一些需要假以时日的欲求，我们希望立马实现，一些不大可能实现的欲求迫切期待实现，就会导致我们冲动，行事不顾后果。

心急带来的往往是粗心、遗漏、冲动、准备不周。

我们都知道，忙中最容易出错，越急错得越厉害。一个朋友，计划搭飞机来北京洽谈一项重要事务。他素来是个急性子，办什么事都风风火火的。这天，由于临时要解决一件事，所以延误了他的出行时间。事情办完后，他急匆匆地向机场赶去，有点晚了，于是决定打的。可不赶巧，那条路上出了车祸，他的车在车堆里进退不得，于是他只得下车，走了十多分钟到地铁里，一时走神，又坐反了方向。下车后，好不容易上气不接下气地到了机场，他却又发现身份证在刚才转账时落在银行了。如果他一开始就慢慢来，仔细检查自己的一切资料，然后再去坐地铁，是完全可以坐上飞机的……

　　急于求成反而让人失去了原本拥有的东西：一对幸运的夫妇因为得到一只每天都生一个金蛋的鸡，所以他们很快就富了起来，但他们觉得自己致富的速度还不够快，总想一下子就获得一大笔财富。他们猜想，这只鸡的内脏一定是用金子做的，所以他们决定把它杀死，以便取出里面的金子。但当他们把鸡的肚腹剖开后，却发现这只鸡与一般的鸡没什么两样。他们不仅没有像自己所希望的那样成为暴发户，而且还失去了日进一个金蛋的收入。

　　解决急躁的办法有两种：锻炼自己的意志力，学会安排持续而健康的行为计划并且去执行它；在等待的时间里让自己有事可做。

　　人生虽然短暂，但也有足够的时间去完成自己的理想。实现理想是一个漫长的奔跑过程，不要奢望一步到位，也不要因为暂时的落后而灰心。我们不仅要学会奔跑，还要学会忍耐和等待。

　　事情是一步一步完成的，任何结果都有一个从播种、开花到收获的过程；而过程中也会有各种意外，只要我们尽了人事，便可用平常心来看那结果。

第五章

每一份成功后面，都有爱的力量

当爱召唤你们的时候，跟随着他，虽然路程艰险而陡峻。

把赞美当成给别人的最好礼物

一句诚恳的赞美可以激发一个人隐藏的潜能，让他振奋精神，超越自我，获得巨大的成就。

美国著名心理学家威廉·詹姆斯说过："人性深处最深切的渴望，就是渴望别人赞美。"这跟马斯洛的心理需求理论不谋而合，人的心理最高的需求就是获得尊重和实现自身的价值。我们赞美一个人就是直截了当地去承认他的价值，让他获得自我认同的满足感。

赞美的态度，首先对小孩子的成长教育非常有帮助。每一个孩子都有他的优点，虽然孩子的天资有别，学习事物有快有慢，学习成绩也有高有低，但判断一个孩子的好坏，不能只取决于一个方面。作为家长，不能只凭长相、成绩等某个方面就认定自己的孩子不如别人，没有出息，而是应该善于发现他们的优点，发现他们与众不同的地方，要始终相信自己的孩子是优秀的，积极地赞美自己的孩子，让他们有信心继续发挥自己的优点。

成功学家拿破仑·希尔从小被认为是一个坏孩子，家人和邻居甚至认为他是一个应该下地狱的人，无论什么时候出了什么坏事，他们都认为是拿破仑·希尔干的。拿破仑·希尔也因此破罐子破摔，一心要表现得比别人形容的更坏。

希尔的爸爸再婚了。他把继母带进家门，愉快地为她介绍家里的每一个人。当介绍到希尔时，爸爸用略带厌恶的口气说："这是家里最坏的孩子。"

希尔充满敌意地看着继母，继母却说了一句让希尔终生难忘的话："最坏的孩子？我宁愿相信他是一个优秀的孩子。只是你们没有发现他的优点罢了。"这个眼睛里闪烁着柔和光芒的女人用这一句话改变了希尔的一生。

这句话算不上豪言壮语，只是一句普通而平实的肯定。可正是这句普通而平实的话，把正陷入绝望和自暴自弃中的希尔拉出了命运的泥潭。

拿破仑·希尔从此开始改正自己的缺点，发奋学习，最终成为了著名的励志大师。

人都是有优点的，只要父母愿意以一双爱的眼睛去欣赏孩子，每一个孩子都是值得父母骄傲的。父母在教育孩子的过程中，最容易犯的错误是将自己孩子的短处和别人孩子的长处相比，甚至把别人的孩子过度地美化和夸张。也许父母这样做的出发点是好的，是想给自己的孩子树立一个榜样，可事实上却给孩子带来巨大的伤害，甚至会影响孩子的一生。

更重要的是，孩子往往对父母的评价十分敏感。如果父母爱他、喜欢他，孩子通过父母的眼神就能感受得到。一旦孩子接收到这些爱的信息，父母说什么他都能听到心里去。这时，教育也变得轻松和容易得多了。

在一个人事业的起步期，如果能得到外界真诚又恰当的欣赏和赞扬，将会大大触动他的潜能的发挥，甚至改变他的一生。

俄国作家陀思妥耶夫斯基写出自己的第一部小说《穷人》后，由他的同学格里戈罗维奇带给诗人涅克拉索夫。当天晚上，涅克拉索夫读这部稿子一直到深夜，读完后深受感动。凌晨四点，具有浪漫气质的涅克拉索夫拉着格里戈罗维奇，非要去看望陀思妥耶夫斯基不可："他睡觉算得了什么，我们叫醒他，这比睡觉重要！"

第二天，涅克拉索夫带着《穷人》的书稿去见编辑别林斯基，一进门就大声地说："新的果戈理出现了！"

别林斯基开玩笑地说："你们那里的果戈理跟雨后春笋一样多！"但是，别林斯基还是将书稿收下，仔细读了一遍。当天晚上，涅克拉索夫再去见他，别林斯基立刻激动地迎上去："带他来，尽快带他来！"

涅克拉索夫带着陀思妥耶夫斯基去见别林斯基，别林斯基对陀思妥耶夫斯基说："你自己是否了解，你写出了一部什么样的作品啊？"他热情地赞扬了这部书，并预言陀思妥耶夫斯基未来一定会成为一个伟大的作家。

别林斯基的话给了陀思妥耶夫斯基极大的鼓舞。陀思妥耶夫斯基晚年时在回忆录中写道："我离开他的时候，心都醉了。在他家的拐角处停了下来，仰望明朗清澈的天空，看着来往的行人，我整个的身心都感觉到，我一生中的重大时刻，影响终身的转折来到了……"

赞美就有如此神奇的力量。在合适的时机，一句诚恳的赞美可以激发一个人隐藏的潜能，让他振奋精神，超越自我，获得巨大的成就。赞美的力量还不仅于此，赞美还是批评的良药。

美国总统约翰·卡尔文·柯立芝有一位女秘书，人长得非常美，工作上却经常出现差错。一天早晨上班时，柯立芝看见秘书走进办公室，对她说："今天你穿的这身衣服真漂亮，正适合你这样年轻美丽的小姐。"女秘书受宠若惊。柯立芝接着又说："但你也不要骄傲，我相信你的公文处理也能和你的人一样漂亮。"果然，从那天起，女秘书在公文处理上就很少出错了。

有时，直接的批评不但不会改变现状，反而会招致愤恨，使情况进一步恶化。但当我们听到他人对自己的优点加以称赞之后，再去听一些不愉快的话，情形就会有所不同，心里也觉得好受多了。

生活中的每一个人，都有自尊心和荣誉感，你对他们真诚的表扬与赞同，就是对他自身价值最好的承认和重视。

韩国某大型公司里有一个清洁工，平日里被人忽视，但他却在一天晚上公司保险箱被窃时，与小偷进行了殊死搏斗，最终保护了公司的财产。

事后，大家议论纷纷，觉得他的这种行为不可思议，也不知道他见义勇为的真正动机。当人们问起他时，他的回答出乎所有人的意料。他说："当公司的总经理从我身旁经过时，总会赞美我说'你扫的地真干净'，这就是我跟盗贼殊死搏斗的原因。"

当你给人以诚恳的鼓励时，对方就会觉察出你的诚恳态度，这样，你便得到了他的信任。而且他会感觉得到了你的理解，他的自尊心就会增强，就有勇气、有信心去做到更好。无论你是教育子女，还是处理同配偶和家庭的关系，或是在工作当中与人相处，诚恳的赞美都能加强你们之间的交流，最终让你拥有一个幸福温暖的人生。

安徒生童话里有一个故事叫《老头子做事总不会错的》，讲的是乡下有一对贫穷的老夫妇，他们想用家中唯一值钱的那匹马去集市换回来一些更有用的东西。商量妥当后，老头子就牵着马赶集了。

老头子先用马跟人换了一头漂亮的母牛，又用母牛换了一只羊，再用羊换了一只鹅，又用鹅换了一只鸡，最后竟用鸡换回了一大袋烂苹果。他扛着这一大袋烂苹果在酒馆里休息的时候，遇见两个英国人，他们听了老头子赶集的经过后，说他回家一定会被老太婆狠狠地痛打一顿，老头子却说："肯定不会，我将得到的不是一顿痛打，而是一个吻。"两个英国人说什么也不相信，最后用一斗金币和他打赌，然后三个人一起回到了老头子家里。

回到家里，老头子把赶集的经过告诉她。老太婆的脸上没有一丝不愉快，老头子每讲到换来的一样东西，她都表示赞同："感谢上帝，我们有牛奶可以喝了。"

"哦！我们不仅可以有羊奶，羊毛袜子，还可以有羊毛睡衣。"

"今年的马丁节可以吃烤鹅了。"

"太好了，我们将会有一大群鸡了。"

"哦！太好了，今晚我们就可以吃到苹果馅饼了。"

说完老太婆响亮地亲了老头子一下。两个英国人很爽快地付了他们一斗金币。他们说："我们喜欢看到这样的情景。"

是的，老太婆对老头子的赞美全是出自真诚，并不是仅仅为了安慰丈夫而说的违心之话。因为她知道老头子所做的每一次交换都是为了让她更快乐，都是出自对她的爱。而相对于这样美好的感情，物质的一点点得失又算什么呢？

感恩之心将为你开启一扇大门

懂得感恩的人,心地是善良的,心胸是开朗的,与人的关系是融洽的。这样的人,才容易取得成功。

艾文,这个初来北京的新人,躺在床上筋疲力尽。几周前他搬来,而此刻,熙攘热闹的北京不再让他兴奋了。

他一直渴望凭借自己充满激情的创造力,在杂志界闯出一片天地,彻底结束低技能、低薪水的助理编辑工作。可是,这个目标至今仍遥不可及,他租不起房子,只好和朋友挤在一间屋子里睡,依靠朋友的接济来生活,艾文的心里非常难过。

在这个周六的早上,他一边胡思乱想,一边赖床。可是,今天还要加班,即将出版的杂志上有几张图还需要重新排版。

他行走在城市的街道上,寒气袭来,天灰蒙蒙的。

"在这座城里,我仍然一无所有。不过从这一刻起,我要想办法让自己高兴起来。"他自言自语道,"我要看看周围有没有让我感觉心情不错的东西。"他抬起头环顾四周。

他看见一位年轻的妈妈推着婴儿车在人行道上散步。看着小男孩胖乎乎的脸蛋，让艾文忍不住笑了："谢谢你，小家伙，让我这么开心。"

他仰望天空，一架飞机从头顶飞过："飞翔的感觉肯定棒极了！"

在小吃摊前，鸡蛋灌饼发出"滋滋"的声音，真香！卖煎饼的阿姨笑着看他，美味照亮了他的内心，他情不自禁地用手机拍下一张照片，发到微博上。对这个陌生的城市，他的内心第一次萌生了感动。

"我原来是住在一个多么可爱有趣的地方啊！这生机勃勃的一切，唤醒了我的内心中的激情。谢谢你们！"艾文说。

后来，不管何时，当艾文感到郁闷，只要他到街上看看，转转，心情就立刻好多了。如今，艾文已经成为一家传媒公司的老板，他认为自己的成功，完全得益于自己多年来一直不懈的"感恩"。

感恩是成功的第一步，感恩之心是一粒奇妙的种子。假如我们不只懂得珍藏，还懂得播种，就能给别人带来喜悦和希望。在生活和工作中，我们或多或少都获得过他人的帮助，受到过别人的恩德。可我们能否记住这些，并因而多一些感恩之情呢？一颗感恩的心来自对生活的热爱和感激，来自对拥有的知足和珍惜。拥有感恩之心的人，就能更好地体验生命的美妙，收获更多的幸福。

什么是感恩？《牛津词典》的解释是：乐于把获得益处的感谢表达出来并且回馈别人。人生在世，哪怕是所谓的"孤胆英雄"，他们的思想和行为也不会得不到外界的任何帮助。每件小事的成功，都离不开上级、同事、家人的支持与帮助。所谓养育之恩、知遇之恩、救命之恩，就是这个道理。

每一天，我们碰到的每一个人——老板、同事、客户、家人等，都值得我们去感恩。懂得感恩的人，心地是善良的，心胸是开朗的，与人的关系是融洽的。这样的人，才容易取得成功。

一家外资公司的公关部打算招聘一位员工，经过层层的筛选，最后还剩下五个候选人。公司通知他们，聘用谁，要开会讨论通过才能决定。

几天后，五人中的一个女应聘者的电子信箱里收到一封公司人事部发来的邮件。邮件里说，该应聘者落选了，其实公司比较欣赏她的学识和气质，只是因为名额所限，实是割爱之举。公司以后若再有招聘信息，会优先通知她……另外，为感谢她对公司的信任，还寄去公司的电子优惠券一张。

这位女应聘者在收到邮件的一刻，十分失望，但又被公司的诚意所打动，便顺手花了几分钟的时间，用电子邮件回复了一封简短的感谢信。

两个星期后，这个女孩被正式录用为该公司职员。后来，她才知道这是公司招聘的最后一道考题。五个人当中，只有她一个人回了感谢信。她成功了。

有时候，感恩不一定要感谢大恩大德，一个微小的细节，也可以体现出感恩的美德。那位女孩成功，是因为她具有一颗感恩的心。尽管遭遇了挫折，但她懂得用宽容去理解别人，用真诚去感恩别人。这样的人，无论从事哪种工作，都更容易取得别人的信任和支持，更容易获得成功。试问，公司又怎么会不要这样的人才呢？

感恩是一种行动，它能让一个人变得更加友善合群，更加富有同情心。感恩的人，平时很少郁闷、嫉妒和焦虑，他们的思维非常清晰，遭遇困难的时候宽容大度，承受工作和生活压力的能力也更强。同时，这种感恩也会让人更愿意帮助他人，由此更加容易与人和谐相处。这样继续下去，就会形成一种良性循环。总之，感恩的人更容易达到理想的生活状态。

一个人如果每天都有意识地去感恩，哪怕只用短短几分钟时间，就能为自己的身体灌入巨大的能量，长期坚持，就会出现意想不到的效果，你的人生面貌也将发生全新的变化。

总之，你要相信，感恩之心将为你的生命开启一扇神奇的大门，发掘出你无限的潜力，未来的你也将拥有更好的前景，更美的人生。

成功拼的还是人品

赚钱的秘诀很多,而真正成功的人,赚取更多的是人心。

我们熟知的"结草报恩",讲了这样一个关怀人、尊重人的故事。

秦桓公出兵攻打晋国,晋军和秦军在辅氏这个地方大战,秦国将军杜回特别勇猛,他不乘马车,率领几百名步兵精锐拿着斧头专门砍晋军的马腿,神勇无敌。晋国将军魏颗一筹莫展的时候,突然看见一位老人用长长的草绳绊住了杜回,杜回摔倒了,被魏颗俘虏,秦师大败。

这位老人是谁,怎么会出现在战场上?原来,几年前,魏颗的父亲魏武子很喜欢一名小妾,他刚生病的时候,对魏颗说:"这名小妾还年轻呢,如果我真死了,你就把她重新嫁出去吧!"没多久,魏武子病重,他又对魏颗说:"我很喜欢这名小妾,我死了以后,让她给我殉葬吧!"

魏武子去世了,周围的人嚷着让小妾殉葬,可怜的小妾流着泪,浑身直打哆嗦。关键时刻,魏颗说:"人在病重的时候,神智混乱，说的话不能当真，应该按照父亲清醒时候的话来办。"于是，他主张把那名小妾嫁给了别人，保住了她的一条性命。

这名用草绳绊住杜回的老头就是这名小妾的父亲。他感激魏颗救了他的女儿，便用这种方式来报答他。

得道多助，失道寡助。政治上这样，军事上这样，商业上也是这样。尊重生命，尊重他人的利益的人，必定会得到人们的认可。

20世纪初，去美国的移民非常节俭，他们尽量把每一分钱都积攒下来，藏在被褥下，碗橱里，或是交给信得过的人保管。于是，一家专门吸引移民小额存款的小银行诞生了。银行的名字叫芝加哥西方储蓄银行，行长叫弗朗西斯科·罗迪。可就在1915年圣诞节前夕的一天，3个蒙面歹徒持枪将罗迪的银行洗劫一空。

消息传开后，储户们蜂拥而至，纷纷要求提款。虽然罗迪尽了最大的努力兑付，但还是无法支撑，最后只得宣告破产。他统计了一下，银行的250位储户，共损失了1.8万美元。一位银行家同情地对罗迪说，银行遭劫，按规定可以免债，既然已经宣布破产，存款就不用还了。可是罗迪说："虽然法律是这样规定的，不过别人出于信任，才来我这存钱，我不能不尊重这份信任，这债务我一定要归还。"

为了还债，罗迪白天杀猪，晚上为人补鞋，还让年龄大一点的孩子在街上卖报。就这样，一家人省吃俭用，一笔一笔地积累钱，再一笔一笔地偿还。罗迪立下了一个还钱顺序，就是先还最困难的储户：一位身患重病的寡妇无力抚养孩子，她曾在罗迪这里存了375元，罗迪首先还给她100元，然后每月还她10元，让她付得起房租；一位储户欠了税，有坐牢的可能，20年前他在罗迪的银行存了一笔钱，罗迪还了他的存款，使他免受牢狱之苦。由于时间太长，有的储户因地址变更联系不上了，罗迪就在当地报纸上刊登广告，寻找存款人。

一天，正下着大雪，罗迪接到一个电话，有人告诉他，有一对老夫妇曾在银行存过钱——他们现在的生活困难极了。罗迪立即冒雪前往，找到老夫妇时，发现他们家里一贫如洗，没有煤取暖，冷得像冰窖。

罗迪在谈话中验证了他们的确是他的储户，然后说明了还钱的来意。老人喘息着说："我的钱的确存在你的银行里，但知道银行破产后，我没有保留任何证据，没有存折，也没有账单。"

"你不用任何存折和账单。"罗迪说。

1946年的圣诞节前夕，在芝加哥西方储蓄银行被抢31年以后，罗迪终于还清了250位储户1.8万美元的存款。罗迪决定重操旧业，银行又重新开始营业了。罗迪的孩子们向过去所有的储户或他们的亲属寄出一张圣诞贺卡，贺卡上这样写着：

请接受来自罗迪全家的节日问候：

弗朗西斯科·罗迪经营的西方储蓄银行1915年遭劫后被迫停业，但当时曾承诺日后必归还存款。经过多年的奋斗，我们兑现了当初的承诺，已还清了全部存款和利息。现西方储蓄银行重新开业。祝大家圣诞快乐！

罗迪合家敬贺
1915年至1946年

贺卡发出后，散居在美国各地的老储户，不管道路有多远，都特地来到纽约，把钱存到罗迪的银行。同时，他们还把自己的亲戚和朋友也都介绍到这里来存款。在短短的几年时间内，罗迪银行便发展成美国名列前茅的私人银行。

一家破产之后重开的银行能够迅速在美国银行业占据一席之地，很显然是因为罗迪的做法感动了大家。他尊重储户的利益，尊重自己的职业操守，换得了别人对他和他的事业的尊重和信任，因此得到了很多人的帮助，最终东山再起。

经商或打工，都有赚钱的目的，但如果只是本着赚钱的目的去做事，也许在短期内能够赚到一些钱，但是从长久来看是没有大发展的。赚钱的秘诀很多，而真正成功的人，赚取更多的是人心，是"得道多助"的"道"，说白了，拼的还是人品。

爱情不只与外表有关

不要在"忽视"与"重视"的较量中，只顾去抓眼前的东西，而放弃了长远的东西。

亲戚朋友给你介绍对象，只能依据能具体衡量的东西来选择，比如家庭条件、工作单位、薪水收入、住房情况、身高长相……但如果你说："身高长相不重要，关键要顺眼；性格脾气不重要，关键要合拍；经济条件不重要，关键要价值观一致；兴趣爱好不重要，关键要有话可聊；脾气好不好不重要，关键要我喜欢，对于喜欢的人，即使他在发脾气，我也会觉得很可爱……"如果你需要的东西，无法用具体的标准来衡量，恐怕就没人给你介绍了。

什么叫"具体的标准"？其实很简单：

外在的、物质性的东西，大多有"具体的标准"。

内在的、精神性的东西，大多没有"具体的标准"。

比如"美"。女人都希望自己美，最好是所有男人都认为自己美。如果做不到这一点，退一步说，至少要自己的男朋友、老公认为自己美。那么,什么叫"美"呢?这是一个很复杂的问题,可以从两个角度来探讨。

第一个角度是外在的、物质性的。

在这里,美有具体的衡量标准。不会有人认为"鹰钩鼻子、蛤蟆嘴、面包屁股、罗圈腿"的人是美的。反过来,四大美女(西施、王昭君、貂蝉、杨玉环)会被所有人视为是美的。比如杨玉环,即使在喝酒后,肌肤也不会暗淡,反而会变得更光滑细嫩。所以她是集"万千宠爱于一身"。外在的美就是肉体的美,包括脸蛋的轮廓、五官的比例、三围的尺寸、皮肤的细嫩程度……

但问题是,这些东西基本都是天生的,自己不能做主,"是我妈把我生成了这个样子,又不是我自己想长成这样"。很多女人为此而痛苦。哪里有需要,哪里就蕴藏商机。所以商人们想出了很多办法:美容、护肤、减肥、清肠、隆胸、整容……这些做法能让外表变得更好。

平时我们都说"不要以貌取人",但现实中似乎没有人能100%做到不以貌取人。尤其是对于被称为"视觉动物"的男人来说,在看女人时更是如此。所以,一个女人的外表变好后,一定会为自己加分。但是,外表变美了,并不能让不爱你的人爱上你,因为爱情不只与外表有关。

第二个角度是内在的、精神性的。

在这里，美也有具体的衡量标准。比如某些女人虽然长相一般，但就是男人缘好。究其原因，用一个词形容，就叫"有女人味"；再用一个词形容，就叫"妩媚"。这种"味"不是指她身上发出了什么香味，男人们用鼻子闻到后，便都愿意接近她。这种"味"不是物质的，而是精神的。反过来，很多女人身上有"假小子"的味道，她们对男人的吸引力一定不如前者。所以如上文所说，"美也有具体的衡量标准"。但在更多的情况下，美没有具体的衡量标准。比如"有女人味"的女人，她们的女人味在原则上会吸引所有男人，但是在被她们吸引来的男人中，并不是所有人都会心动。这些男人中的一部分只会"身动"，想和她上床，但心并没有动。反过来，某个男人见到那个"假小子"时，并没直接"身动"，但却心动了。

上面把"物质性"与"外在"两个词联系到一起，因为两者相通。外在的东西容易被观察到，容易被衡量，容易被评价。但也正是因为种种的"容易"，所以是肤浅的。就如同一个男人对一个女人说："我爱你，因为你的肉体太好看了。"这个女人在高兴的同时，心里可能会有隐隐的不安全感。因为比她的肉体更美的人多得是，如果这个男人只爱她的肉体，这个爱就是肤浅的。肤浅的东西是不牢固的，这个男人可能在明天就爱上了肉体比她更美的女人。

上面把"精神性"与"内在"两个词联系到一起，因为两者相通。内在的东西不容易被观察到，不容易被衡量，不容易被评价。但也正是因为种种的"不容易"，所以是深刻的。就如同一个男人对一个女人说："我爱你，因为我爱你的灵魂。"这个女人在高兴的同时，可能会有隐隐的失望——似乎男人不喜欢她的外表。但同时她也知道，灵魂是每个人独有的，所以这个爱是深刻的。深刻的东西更为牢固，即使会变化，也不像外表变得那么快——摔一跤，脸蛋破了，别人就不喜欢了。

最佳的爱情是既爱外在，也爱内在；既爱肉体，也爱精神（又叫性格，或灵魂）。但是，内在的、精神的东西不容易被观察到，不容易被衡量，不容易被评价。更重要的是，一个人在任何情况下，都不会知道哪个异性在见到自己后会爱自己的精神。在这里，人变得没有自主权，只能被动等待，似乎完全不能掌控自己的命运。所以，很多人便将精神忽视掉，只重视肉体的美化。因为在面对肉体时，人变得有了自主权。只要有钱，就能得到这种自主权。

不要在"忽视"与"重视"的较量中，只顾去抓眼前的东西，而放弃了长远的东西。

不要让爱情成为遗憾

我以为爱情可以填满人生的遗憾。然而,制造更多遗憾的,却偏偏是爱情。

有人说,没有爱情的婚姻是不道德的婚姻,仅有爱情的婚姻是不现实的婚姻。

是的,没有物质基础的婚姻,最容易一推就倒,在婚恋中,物质至关重要。

没有钱,怎么结婚?租房子住,一年搬家一次?孩子生下来没钱买奶粉,天天喝豆浆?几年后,孩子没法上学,怎么办?

没有钱,怎么能让女人保持美丽?女人不美了,老公当然容易出去拈花惹草。

不过,有些女人将这个问题扩大化了:除了钱,别的不需要什么。比如电影《失恋33天里》中有一段对话:

女:"太多优质的小伙子,身边配着一个这样的姑娘:张口LV,闭口PRADA……你想跟她谈谈爱的真谛,她直接告诉你,你给的信用卡能透支的额度，就是她的爱的真谛。"

……

男："跟这样的姑娘谈恋爱，省事儿。首先，我知道她要什么，她的目的特别明确，就写在脸上，我不用前后左右地去瞎琢磨。我给了，她就开心，相应的，我也能收获一种满足感。简单直接，又利落又爽快。但如果我跟你谈恋爱，就会很麻烦，我看不出来你想要什么。比起一个LV的包，可能一个小盆栽更能打动你。但我不确定，不确定的事我就没法去做。我得先花时间揣测你、观察你，然后再出手打动你。可是这段时间里，我能做的事儿太多了，意义也远比谈恋爱这件事儿大。我知道说出这些话来，你一定觉得我这人不怎么靠谱。但其实，和我一样的男人，一般都有一套自己的体系，不管怎么犯错，这套体系不能错。简单说，我们要找的老婆是这样：爱情没有了以后，我们的关系靠别的东西也能维持。她不要求我给她的爱有多么专一，她只会要求她那套手工制作的婚纱必须是世界上唯一的一套。对她来说，爱情是奢侈品，LV是生活必需品。而对你来说，可能LV是奢侈品，但爱情是生活必需品。LV集团不会突然倒闭，但爱情这东西可是说没就没的。我总得确定我有资源能一直提供，对吧？从这个角度想，我还是很靠谱的。"

这是一个极端性的例子，大多数女人都不是故事里的女人，大多数男人也不是故事里的男人。不过，借这个极端的故事，可以发现一个道理：越重视外在的东西，越容易被别人控制。

所谓"外在"，也可以理解成"物质"。再简单一点说，就是钱。外在的东西可以分为很多层，有的对人有直接的吸引，有的有间接的吸引。而钱位于其中最直接、最明显的那一层。它对人的吸引不需要经历什么"阶段"，不需要按某种"步骤"一步步推进，而是可以立竿见影，瞬间便见效果。

想不被外在的东西控制，就要内心强大。但有句话说："所谓忠诚，只是因为遇到的诱惑还不足够大。"所以，即使你的内心强大，那么外在的诱惑只需要更大一点，还是可以搞定你。大多数身居高位的贪官，之所以腐败，不是因为他们的内心不强大，内心不强大的人是不可能上升到高位的。假设你坚守内心的力度是80（远远高于60的及格分数线），那么外在的诱惑只要达到81就可以使你动摇，达到90就很容易使你沦陷，达到120就会使你乖乖束手就擒。那么，如果是800000呢？

马克思说："一旦有适当的利润，资本就胆大起来。如果有10%的利润，它就保证到处被使用；有20%的利润，它就活跃起来；有50%的利润，它就铤而走险；为了100%的利润，它就敢践踏一切人间法律；有300%的利润，它就敢犯任何罪行，甚至冒绞首的危险。

如果动乱和纷争能带来利润，它就会鼓励动乱和纷争。走私和贩卖奴隶就是证明。"

现在回过头来，看看沦陷以后的事。比如上面故事里的女孩，她的需要很简单，"她的目的特别明确，就写在脸上，我不用前后左右地去瞎琢磨……她只会要求她那套手工制作的婚纱必须是世界上唯一的一套"。

这种认为只要有钱，就可以立刻满足她，并控制她的想法，会带来两个结果：

一、控制她的人会感到满足。"我给了，她就开心，相应的，我也能收获一种满足感。"

二、控制她的人可以不受约束。

"她不要求我给她的爱有多么专一"的意思是：我给了她钱，其他的事情我想怎么干就怎么干。如果哪天她突然觉醒了，想行使作为老婆的权力，也约束不了我。因为很多人的婚姻与爱情早已形成了不成文的规矩——婚姻是纯粹的利益交换。

但是，爱情不能这样简单庸俗化，爱情不是交换，不是购买，不是依附，是各自坚强独立，然后走到一起。

张小娴说："我以为爱情可以填满人生的遗憾。然而，制造更多遗憾的，却偏偏是爱情。"

之所以会有这样的感慨，那是因为我们整天忙忙碌碌，像尘世间的灰尘，喧闹着，躁动着，听不到灵魂深处的声音。

别让利益蒙住了我们的心灵，那样，自己踟蹰在苦涩的孤独中，也销蚀了心底曾经拥有的那份纯真和炽热。追逐物质，沉溺于人世浮华，专注于利益法则，只会把自己的灵魂弄丢了。

消灭追求"利"的"癌细胞"

不能因为邪恶的强大,而放弃了对正义的坚守。

前文谈到了将婚姻当作纯粹的追求利益的后果。

其实,《孟子》一书中,就涉及了这个问题,并提出了防微杜渐的方法,它在开篇便说到"利"的问题。

孟子见梁惠王。王曰:"叟!不远千里而来,亦将有以利吾国乎?"孟子对曰:"王!何必曰利?亦有仁义而已矣。王曰'何以利吾国?'大夫曰'何以利吾家?'士庶人曰'何以利吾身?'上下交征利而国危矣。万乘之国,弑其君者,必千乘之家;千乘之国,弑其君者,必百乘之家。万取千焉,千取百焉,不为不多矣。苟为后义而先利,不夺不餍。未有仁而遗其亲者也,未有义而后其君者也。王亦曰仁义而已矣,何必曰利?"

翻译过来就是:孟子拜见梁惠王。梁惠王说:"老先生,你不远千里而来,一定有对我的国家有利的高见吧?"孟子说:"大王,何必说利呢?只要说仁义就行了。大王说'怎样使我的国家有利',

大夫说'怎样使我的家庭有利',老百姓说'怎样使我自己有利'。结果是上位的人和下位的人互相争夺利益,国家就危险了。在有一万辆兵车的国家里,杀害国君的是有一千辆兵车的大夫;在有一千辆兵车的国家里,杀害国君的是有一百辆兵车的大夫。这些大夫在一万辆兵车的国家中拥有一千辆,在一千辆兵车的国家中拥有一百辆,不能算不多。如果轻义而重利,他们不夺取国君的地位和权力是绝对不会满足的。没有一个仁人会遗弃自己父母,没有一个义人会不顾自己君主。大王只要讲仁义就行了,何必谈利呢?"

任何一本巨著中,最开头的文字都是意义非凡的。

比如《老子》的第一句"道可道,非常道"的意思是:能用语言(第二个道)说清楚的道理(第一个道)不是永恒的规律(第三个道)。这句话是对《老子》全书的统领性概括。它表达出了几层意思:一、本书要说的是永恒的规律;二、永恒的规律不能用语言彻底表达清楚,但不用语言又什么事都干不了,所以使用语言只是不得已的办法;三、由于以上原因,只有悟性高的人可以看懂本书,而看不懂的人就随便翻翻算了。

《孟子》一书也是如此。作为此书的第一篇文章,《梁惠王》讨论了孟子思想中最根本、最重要、最核心的东西。简单来说,就是"德"与"利"的斗争。这个"利"主要包括两个方面:权力、金钱。当然还有其他的，比如美色、名誉等，但不如这两个重要，暂时忽略。

追求利不对吗？不追求利，我们吃啥？喝啥？穿啥？住哪？有钱娶老婆吗？敢生孩子吗？有能力养父母吗？……总之，我们能活吗？所以，司马迁在《史记》中说："天下熙熙，皆为利来；天下攘攘，皆为利往。"不追求利的人是不存在的。如果真有这样的人，他一出生就死掉了（这也是一种"不存在"）。

追求利会带来什么后果呢？会使人们的争斗逐渐升级。在升级的过程中，人会越来越不受道德准绳的约束，最终的结果就是毁灭。这个"毁灭"可以从不同的角度来阐释：

从社会成员上看，争夺利的人是分层级的：最高层的是一国之君，次一层的是大家庭（中国古代实行家长制，一个大家庭与一个国家在本质上是一样的，所谓"家国同构"），最底层的是普通百姓。这三个层级的人对应于原文中的"大王说'怎样使我的国家有利'，大夫说'怎样使我的家庭有利'，老百姓说'怎样使我自己有利'。"不同层级的人在追求利的过程中，带来的影响是不同的。比如，一个普通百姓追求利，其影响力是很小的，只会触及自己身边很小范围内的人、事、物。但一个国君追求利，那影响力就是全国性的。比如慈禧太后，倾尽全国的财力，只为了给自己过一个生日。

从空间范围上看,这个毁灭是分层级的:有一千辆兵车的国家的毁灭,有一万辆兵车的国家的毁灭,有十万辆兵车的国家的毁灭。这些毁灭都是追求利造成的。

从时间范围上看,这个毁灭是分层级的:有转瞬即逝的小型毁灭,有时间跨度大的中型毁灭,有漫长历史时期的大型毁灭。就如同一只手表,有三种指针,分别代表不同层次的时间。

不论是哪一种类型的社会成员,哪一个范围的空间,哪一个范围时间,争夺利益带来的后果都一样,那就是毁灭原有的秩序。而且这种毁灭是由"内贼",而不是"外患"导致的。如原文所说:"万乘之国弑其君者,必千乘之家;千乘之国弑其君者,必百乘之家。"在一个拥有一万辆兵车的国家中,兵车都归国君管理。但如果有人造反,带领一千辆兵车就可以战胜其他九千辆兵车。看到这里,大家可能会觉得很奇怪,以一敌九,是怎么胜利的呢?

如果是一对一的战斗,一千辆兵车当然打不过九千辆。但问题是这一千辆兵车是"内贼",而不是"外患"。就如同放鞭炮,如果你握紧拳头,把鞭炮放在拳头外面,鞭炮爆炸后,你的手受的伤并不大。但如果你把鞭炮握在手中,你就惨了。"内贼"也是如此。所以说,"内贼"的破坏力远大于"外患"。这便有了"万取千焉,千取百焉"的后果。

大家已经发现了"内贼"的可怕。接下来的问题是:"内贼"是如何产生的呢?很简单——追求利。追求利不一定直接带来毁灭,但它带来的终极结果,一定是破坏自己所在的系统。这个规律有点抽象,下面逐层解释:

比如,人身上的一个细胞追求利。开始时可能没问题,但随着时间的推进,它越来越不受约束,最终就演化为了"癌细胞"。癌细胞具有三大特点:无限增殖、无限转化、无限转移。它会一步步破坏周围的正常细胞,最终毁灭它所处的整个系统(人体)。简单来说就是:一个癌细胞毁灭了一个人。

再如,一个人追求利。开始时可能没问题,但随着时间的推进,他越来越不受约束,最终毁灭他所处的整个系统(可能是一片小范围的环境)。

又如,一个国君追求利。开始时可能没问题,但随着时间的推进,他越来越不受约束,最终毁灭他所处的整个系统(他的国家)。

这两种情况的本质与癌细胞毁灭人体是一样的。

癌细胞的本质是什么呢?四个字——不受约束。任何一个癌细胞在开始时都是正常的细胞,但后来它"叛变"了。它不想受到约束,这种想法发展到极致,便使它转化成了癌细胞。而根本原因,就是追求利。并不是所有的细胞都会叛变为癌细胞，但只要有一个叛变了，就会蛊惑其他细胞跟着叛变。所以说，对利的追求中，大小是不重要的。只要它产生了，小的就能变成大的，大的就能变成巨大的……

然而，癌细胞是必然要产生的，人是必然要死亡的，任何一个系统都必然要被毁灭。孟子当然知道这个规律，那他为什么还要去见梁惠王，啰啰唆唆地说那么多废话呢？

这就是人活着的意义：不能因为邪恶的强大，而放弃了对正义的坚守。

主动让一点，没有什么大不了

很多时候，主动让一点，没有什么大不了。就算什么也没有改变，我们至少也为改变努力过。

子曰："以德报德，以直报怨。"我对这句话的理解是：对我们好的人，我们也对他好，这是以德报德。对自己不好的人，我们可以像对待一般人那样，不必对他好，也不必对他坏。没有偏差，这就是直。对我们不好的人，我们却对他非常好，这就是所谓的"以德报怨"。但正常人能做到"以德报德，以直报怨"就不错了。所以孔子才质问："以德报怨，何以报德？"是啊，只有一碗饭了，一个是对你好的人，一个是对你坏的人，你给谁吃呢？自然是给对自己好的人吃，对自己坏的人，咱当他是陌生人，虽然同情，无力搭理就不必搭理了。

但是，我想说，"以德报怨"的说法太聪明了。

以牙还牙，以眼还眼固然可解一时之气，却会让彼此深陷在相互伤害的恶性循环里。《众经撰杂譬喻·卷下》说得真好："冤冤相报何时了?"感情上的针锋相对,不过是你不让我爽我也不让你爽。而以德报怨,无疑是终止相互伤害这一恶性循环的唯一法宝。而两个仇人要成为朋友,必然有一个人要先对人好(即以德报怨)。

在做一次公益咨询活动时,一个四十多岁的中年男士向我诉苦:他在学校里搞招聘,学校里有位女老师,总是跟他过不去,经常到领导那儿打他的小报告。他很生气,所以也四处说这位女老师的坏话,两人一见面就吵,弄得学校领导非常头痛。后来,不知是经济形势不好还是学校经营不善,反正要裁员。他害了怕,自己在这个学校里做了那么久,如果被裁了,上有老下有小,自己别无所长,离开学校的话,不知道该怎么生活。要知道他前不久刚为买房子而借了一大笔债,孩子上高中,老婆没有工作,失去这份工作就失去了他们家唯一的经济来源。所以,他不想失去这份工作。

但他觉得自己很有可能被裁,因为他经常和那个女老师吵架,学校对他们俩都没什么好感。

这个招生老师和很多男士的情况相似,自己能力不强,人到中年,还没有任何职业建树,家庭负担又重,所以严重缺乏安全感——老天爷,请你赐给男性主动提升自身能力的意识吧,不要让他在平庸里老去,然后默默面对生命的重负;请你赐给女性主动提升自身能力的意识和独立意识吧,不要让她在抱怨中老去,不要让她独自面对生命的真相。对命运欠缺掌控力的人往往最容易患被迫害妄想症。因为自己的抗风险能力低,所以一点点危险都足以让他们惊恐万分。因为拥有得太少,一点点就可能是全部,所以一点点都不能失去,一点点都要万分周全地保护好。

他们警惕地盯着自己手中那仅有的一点点,只有一个鸡蛋,如果摔碎了,被偷了,被骗了,全部依靠就没有了,所以,他们不敢付出。因为他们知道自己太弱小,不相信自己主动示好、主动付出就会被认可。

他们认为,如果自己的友好被轻视,被辜负,他们自身的价值就会严重下降,所以他们也不敢主动而真诚地对人好。

这位男老师就是这样的人。当我告诉他说这很好解决,请那个女教师吃顿饭,跟她交朋友就行了的时候,他惊讶极了,看我仿佛看到外星人一样。

他怎么可能请她吃饭?她伤害他那么深!他原本以为,可以从我这个免费的咨询师这里找到一点平衡心理情绪的方法和对付那女教师的招数,没想到我却让他"以德报怨"!好说歹说半天,他就是怨难平、恨难消,不想主动跟对方示好,不断地问我除了请客吃饭之外的"好"办法。

我也着急了,我觉得我说的话多直接啊!他应该立马理解并认同才是。于是我说，方法已经告诉你了，信不信由你。

他又问，她也恨他恨得要死，就算他愿意请客，她也一定不同意，要是她拒绝了怎么办？

我说："她不可能拒绝你，你没有以一贯的伤害方式去报复她，见到你的邀约，她会意外，然后会去思考你为什么请她。她会确信你的善，并且确信你一定经过无数心理斗争才有勇气放下自尊，主动去对一个冤家好——冒着被拒绝的风险。她会同情你的用心，不忍心拒绝你。就算你被拒绝了，她也会感念你的示好，以后不再和你针锋相对。她拒绝你的最差后果，也不过是你和她的关系还维持原样。你不去试，哪儿知道究竟会遇上哪种可能？如果试了，你们和解的可能性就有百分之七八十；不试，百分之一都没有。再说，她拒绝了你，你会少块肉吗？"

有些人不骂不醒，真是的，看着他一脸郁闷的样子，我其实也是不忍的。我们活得那么憋屈，不就是因为不想伤害这个人，不想伤害那个人吗？她的行为又不是变态的行为，只是正常范围内的自卫性反击。他很郁闷地念叨着"不可能"走了。"可怜之人必有可恨之处"，和他讲了心理模式，就是不明白。

十多天后，他突然打电话给我，万分激动："你真是个神人，我照你说的话去做了，我去找她，说要请她吃饭，并且希望两人解释清楚误会，交个朋友时，她很惊讶，然后同意了。我们在餐桌上将过往的彼此伤害一一梳理了一遍，那些伤害竟然成了深入交流、了解彼此的最好工具，我们两人聊了个不亦乐乎。"

我呵呵一笑，这种结果，是完全在预期中的，只是因为我们习惯了等待别人主动示好，所以放弃了自己主动示好以终止相互伤害的可能。

白马王子不是马

世界不是桃花源，白马王子不是马。闭上眼睛幻想，可以获得短暂的陶醉。但睁开眼睛后，依旧要面对真实的世界。

当我们没经历某件事时，对它的看法很可能是出于想象，但我们却不这么认为。若干年后，当事情真的到来时，又突然发现现实好丑恶，内心好失落："怎么会这个样子？"其实就应该是这个样子，不是这个样子就不正常了。是我们当初不正常，错把想象当成现实。

婚前想象1：他爱我，就应该为我改变。

婚后现实1：你可以先反问自己："我能为对方而改变吗？"如果你不能，又有什么权力要求对方为你改变呢？即使有改变，也大都是暂时的，或表面上的。婚姻会让人变得真实，把曾经改过去的又改了回来。此外，生活中的很多东西是不能改的。比如，他特别喜欢吃辣椒，你特别不喜欢吃，你能为了他而变得喜欢吃吗？即使亲近如夫妻，也要求同存异。如果不能求同存异，谁做妥协？谁来主动迎合谁？生活会告诉你。

婚前想象2：我就是脾气大，他爱我就应该接受我的这一点。夫妻是"床头吵架床尾和"的，吵完了冷静一下，冷战一会儿，看谁敌得过谁。

婚后现实2：吵架很过瘾，但很伤感情，不是骂完就结束了。吵了第一次，一定有第二次，而且第二次一定比第一次更烈。如此恶性循环，便永远无法从战火中跳出来。冷战的问题更严重，搞不好，冷着冷着就真冷了。最后会分开吃饭，分开睡觉……没有感情经得起时间的摧残。

婚前想象3：逛街时，我看上了一条3000元的裙子，但我没明确说要买。一星期后，老公拿着裙子送给我，我感动得热泪盈眶。不仅如此，所有的重要节日，我都会收到老公的礼物。

婚后现实3：恋爱可以浪漫，结婚必须现实。所以恋爱时很费钱，而结婚后很省钱。恋爱时，男人说："我现在有1000元，可以花900元给你买礼物。"这说明他非常爱你。结婚后，男人说："我现在有1000元，可以花900元给你买礼物。"这说明他脑子有问题。婚后，两个人更像是合伙关系，家庭是共同经营的一个工程。所以要建立一个家庭账户，以防不备之需。一个家庭的开支会比单独的两个人要多，不能再"有钱就是任性"。

婚前想象4：嫁个有钱人，少吃十年苦。

婚后现实4：常见的情况是：他的钱的支配权在他手里；他的房产证上写的是他的名字；他的车每天都是由他来开；他的工资卡并不是给了你，让你"随便刷"。

婚前想象5：结婚后，我就不会对别的异性随便心动了，因为我有家庭的归属感、责任感。

婚后现实5：不论是否结婚，某些异性都注定会让我们心动。如果想不对别的异性心动，唯一的办法就是不接触任何别的异性。

婚前想象6：婚后，我生气了，老公会来哄；我孤独了，老公会来陪；我烦恼了，老公会来听我倾诉；我不工作，老公可以养我。

婚后现实6：人在任何时候都是独立的。就如同没有一个人能替你吃饭、替你睡觉。不论老公对你如何好，你们都是两个人。他工作忙的时候，你想黏在他身上，只会将两个人的情绪都搞坏。

婚前想象7：我爱她爱得要命！她身材好到爆，衣服也很潮，浑身飘着香水味，说话让人骨头酥……她做什么都可爱。

婚后现实7：婚后突然发现，她居然也要放屁、拉屎、打嗝、挖眼屎……现实会让人褪去光环，仙女突然降为凡人。

婚前想象8：老婆应该打理好家里的一切，比如做饭、洗碗、洗衣服、打扫房间……时不时切个水果，送到我的电脑旁。

婚后现实8：大家都在工作，谁都不轻松，谁的压力都不小，谁的工资都不是可有可无的。

婚前想象9：结婚后可以和对方的父母住在一起，爱他就要爱他的家人。

婚后现实9：理论上应该爱屋及乌，但事到临头，你会发现不是那么回事。婆媳关系远比你想象中的要复杂。

婚前想象10：结婚后应该尽快生小孩，因为父母让我生，因为我年龄大了，因为我喜欢小孩……

婚后现实10：一个新生命的诞生，是一件重大的事，不是游戏。即使有了财力的保障，还要问自己一个更重要的问题：你有能力将他教育好吗？是否你还没把自己教育明白呢？

看完上文，你可能发现，用"想象"一词来形容这些婚前的看法，有点轻了，用"幻想"一词可能更恰当。世界不是桃花源，白马王子不是马。闭上眼睛幻想，可以获得短暂的陶醉。但睁开眼睛后，依旧要面对真实的世界。如果真实的世界让你不堪忍受，偶尔钻进幻想的世界舒服一下也不错，比如看看韩剧。进入别人的浪漫世界中体验浪漫，但不要过多地把别人的浪漫带入到自己的生活中。

第六章

将来的你，会感谢现在拼命的自己

我不相信手掌的纹路，但我相信手掌加上手指的力量。

你是谁，取决于你正成为谁

你想成为谁，决定了你会如何成就自己。不想在平庸里抱怨生活不满意，那就得费心费力地努力。

想成为一个什么样的人，就要为这样的目标而去努力。你想成为谁？如果不知道，可以看看自己属于下面中的哪种人。

有的人是猪，他要的是安逸。

他吃得饱，睡得香，不想出人头地，只求现世安稳，在职业和物欲上都满足于目前的所得。哪怕生活就是烂泥淖，也把它当作现世的天堂。不去想永远有多远，不去思考人生，觉得高高在上的理想能把一个人折磨得生不如死。他是他生活里的最稳定因素，因而也是社会的最稳定因素。

有的人是羊，他要的是安稳。

他们安于命运，接受既定的一切，缺乏改变现实的勇气；他们面对强者、强权，有的是顺从、愚忠，缺乏抗争的胆量，更不敢有取而代之的雄心。羊是永远不会觉得狼有多威风的，他们只会感到狼的凶恶和残忍，他们自己也会有一种道德上的优越感，会认为自己是善良的代表。在面对强大的力量时，他们没有由衷的赞赏和钦佩，反而激起一种对自己的肯定，并促使自己反过来蔑视这种强势力量。

有的人是牛，他要的是简单。

牛的生活，不在于它的苦和累，而在于看不见尽头的苦和累，没有独立希望的苦和累。之所以会拥有这种生活，一个最大的原因就是只想用简单的方式谋生，最后变成了只能用简单的方式谋生，要用越来越多的劳动保住越来越少的生存机会。

有的人是鬼，他要的是可怕。

仗势欺人的人，玩弄心机的人，心狠手辣的人，冷血无情的人，深不可测的人，即便再怎么成功，再怎么强大，他们终归失去了人原本的样子，在他们的心里已经不再承认人有任何可贵之处。他通过把人吓住作为自己获取安全感和成就感的手段，对成功的理解完全陷入了阴暗面。他们的可怕得以在现实中存在的原因，就是我们大多数人都"阳气不足"，由于胆小残留的人性根本不足以发挥震慑性的光芒。

有的人是仙，他要的是超脱。

他很个性，很另类，或者很不合群，天塌下来都不担心，说出来的还一语惊人。看到他异于常人的表现，别人都会说："您真是个仙。"这种人是不会为什么欲望而奋斗的，但他们却比普通人快乐，比一般人洒脱。

有的人是狼，他要的是力量。

对狼来说，物竞天择，适者生存，拥有了力量就等于拥有了一切。所以，狼有贪婪的眼神，有铁石心肠，有速度，有锋利的牙齿。狼永远不会满足。它们想要得到更多！奔跑在厮杀的战场上，肆意地猎杀，它们不会对任何一种动物心慈手软。人比狼强，还是比狼弱？人遇上狼，绝对厮杀不过狼，但是人之所以成为万物的主宰，是因为他有比野蛮更高级的方式来竞争。既然人是优于狼的物种，你为什么不想成为"人中之人"，而非要去成为"人中之狼"？

你想成为谁，决定了你会如何成就自己。不想在平庸里抱怨生活不满意，那就得费心费力地努力。想要简单就不要指望优秀，想要省心就不能指望独自闯出一片天地。能不能活出个人样来，取决于我们自己愿意不愿意努力。真正的成功者是一个可以让"人"抬起头来的强者，是一个可以以"人"的姿态来对抗一切的强者，只有把"人"的力量发挥出来，并看到"人"的强大，你才可以顶天立地！

感谢那个踹了你一脚的人

如果看见好事就喜形于色,遇见坏事就愁眉苦脸;拿不起,放不下,没有一点担当力,又怎么能成大器?

"感谢那个踹了你一脚的人。北大踹了我一脚,当时我充满了怨恨,现在则充满了感激。"俞敏洪这样说。

生命是一次次的蜕变过程,唯有经历各种各样的磨炼,或者说是折磨,才能拓展生存的空间。平静的湖面,训练不出精干的水手;安逸的环境,造就不出划时代的英雄。

无论你是自己创业,还是在职场打拼,被人踹一脚的感觉应该不会陌生。很多人在通往成功的路上,都有被人踹的经历。遭人踹并不痛苦,也并不糟糕,糟糕的是从来不曾被人踹过、折腾过。因为只有当一个人受尽折磨时,他的潜能才会被激发出来,而且,唯有此时,他才能越挫越勇,逼迫自己去突破现状。很多人骨子里是懒惰的,充满了依赖和逃避,一旦到了绝境中,才会激发起求生的欲望。

"如果一直混下去，现在可能是北大英语系的一个副教授。"说这句话的人，办了一个叫新东方的学校，他叫俞敏洪。

1985年，俞敏洪北大毕业后留校任教，后来由于在外做培训惹怒了学校，当时北大给了他个处分。他觉得待下去没有意思，只好选择了离开，那是1991年，他即将迈向人生而立之年。离开北大成了他人生的分水岭，无论怎样，离开北大对俞敏洪来说都是一次挫折。但是，他没有因此而消沉，而是怀着一颗宽容自信的心，正确地看待生活给予他的这一切。

人生中，很多时候会遇到挫折，会遭遇被人冷落、鄙视，乃至被人侮辱、糟蹋的经历。有的人会因此而一蹶不振，难以忍受而逃离或者倒下；而有的人却能承受住这一切，把这一切当作成功的动力，最终脱颖而出，成为优秀的成功人士。

罗曼·罗兰曾说道："只有把抱怨别人和环境的心情，化为上进的力量，才是成功的保证。"

有个男孩大学毕业后准备到北京找工作，为了让他在工作中少走点弯路，父母带他去见一位智者。智者说："孩子大了，自有主张。我们不要干预，不必操心。不过要说忠告和建议嘛，我倒想起一句话送给孩子：受得了气才能成大器。"

这个道理，乍看都明白，但真要说清楚，却并不是件容易的事。

要受得了气,人必须大气,主要表现在对人、对事、对己三个方面:

对人要宽容,不要斤斤计较。

毕业后,进入职场,这是全新的人生模式。人与人相处,总会产生摩擦,总有别人占了你便宜或者得罪你的时候。如果吃一点儿亏就记恨在心,非得较真认死理,甚至要"以牙还牙",那么,别人就会对你退避三舍。当下是一个合作的社会,如果没有人与你合作,你又怎么可能办大事呢?

对事要超脱,不要深陷其中。

人一生的事真是多得数不胜数,眼睛一闭一睁都是事。猝不及防的打击、始料未及的挫折、从天而降的好处、唾手可得的利益、无中生有的是非,如此种种都会随时发生。无论是事的大小,还是事的好坏,我们都不能太在意。如果看见好事就喜形于色,遇见坏事就愁眉苦脸;拿不起,放不下,没有一点担当力,又怎么能成大器?

对己要豁达,不要小肚鸡肠。

每个人每天其实都会遇上不同程度的吃亏、受委屈或想不通——同事出言不逊轻慢了你,公司办事不公伤害了你,领导当众批评你,好八卦的人背后对你说长道短等。对这些我们都要豁达以对,淡然处之。倘若时时计算自我的利害得失,以自我得失作为好与坏、喜与忧的标准，又怎么可能取得大成就呢？

无论我们遭遇什么，都不要过分责备自己和他人，犯错的价值在于我们可以成长。多大的障碍成就多大的成长，九死一生的绝境，才能成就泰然处之的淡定。

很多人都懂得，爱一个值得你爱的人，是一件非常容易的事；恨一个让你憎恨的人，也是一件很简单的事，困难的是去"爱"那些打击过你，踹过你，甚至是背叛过你的人。

一位哲人说过，任何学习，都不如一个人在受到屈辱时学得迅速、深刻和持久，因为它能使人更深入地接触实际、了解社会，使个人得到提升、锻炼，从而为自己铺就一条成功之路。

人生在世，总要经受很多折磨，承受各种苦难，换一个角度来看，这些折磨对人生并不是消极的，反而是一种促进人成长的积极因素。

生活和事业到底是上升，或者下坠，完全取决于你如何看待人生。倘若在遭受打击时，仍能体会到生命的美好之处，当你细细品味痛苦的滋味，慢慢咀嚼失意之时的收获，你就永远都不会忘记这种刻骨铭心的感受。此时若能化挫折为动力，化困境为动力，那些打击你的人，就是上天给你最好的礼物，也是上天给你最好的成全。

其实，我们都应学会感谢，感谢那些曾经让我们跌了一大跤的朋友。因为，成功是来自贵人的提携，也是来自小人的激励，若没有跌倒过，就不会想要风风光光再站起来。

　　学会对屈辱抱着一种积极的态度，受到打击和嘲笑，不是愤恨难消，而是借此打击来锻炼自己的心性品格。感谢打击你、冷落你、嘲讽你、折腾你的人，谢谢他们给了你锻炼自己、提升自己的机会。

绝境能吞噬弱者，也能造就强者

当一个人在绝境中为生存而奋斗时，他做什么都不会感到有心理障碍。

在这个世界上，困难犹如影子，随时会出现在每个人的身边，但事情的结果则完全因人而异。苦难对于天才来说，是一块垫脚石；对于能干的人来说，是一笔财富；对于弱者来说，则是万丈深渊。绝境能吞噬弱者，也能造就强者，成败的关键是，我们将自己定位成什么样子的人，会采取什么样的行动面对它。

当年，在北京大学外语系当老师的俞敏洪看到他昔日的同学都相继出国了，心里也蠢蠢欲动起来，开始张罗着出国。为了赚钱实现他的出国梦，俞敏洪在校外干起了家教，为自己的出国学费忙碌着。

一个飘落着细雨的秋夜，正当俞敏洪和朋友喝着小酒，聊着家常，描绘着自己渐渐清晰的出国梦时，北大的高音喇叭响了，宣布了学校对俞敏洪长期以学校的名义在校外培训机构兼课的处分决定。

这个处分决定被大喇叭连播三天，在北大有线电视台连播半个月。这种"重视"，让俞敏洪没有面子在北大继续待下去了，只得选择离开。这位被逼出校门的北大教师，就此下海。好不容易获得了一张开办私人学校的许可证后，他终于在北京一间十平方米的小平房里开设了一家培训英语的新东方学校。

由于找准了服务定位与营销定位，并且迎合了出国的大潮，如今，新东方已发展成为中国最大的私立教育服务机构，并在纽约交易所上市。提起自己的成功和昔日为了生存而苦苦挣扎的经历，俞敏洪说："当一个人在绝境中为生存而奋斗时，他做什么都不会感到有心理障碍。"

是啊，有句话叫：置之死地而后生。漫漫人生路，如同在茫茫海上航行，有一帆风顺的时候，也有风浪袭头的时候。这时候，请相信，世上不会无路可走，在最难的时候，只要扛得住，世界就是你的。即使雅诗·兰黛这样创建了一个化妆品帝国的成功女性，其成就背后，也有一般人不能承担的心酸，没有几个人知道在她创业的过程中充满了怎样的曲折和艰辛。

雅诗·兰黛是个普通家庭的孩子，十几岁的时候，她的叔叔——化学家舒茨到家里做客，给雅诗送了一份护肤油的配方作为礼物。叔叔的这份礼物出于无心，但从此，雅诗的心里，种下了打造美容世界梦想的种子。二十多岁，雅诗结婚了，婚后的雅诗并不安心于家庭主妇的生活，美容帝国的梦想蠢蠢欲动。用叔叔给的配方自己制造化妆品的时候，她已经是两个孩子的妈妈了。雅诗·兰黛不遗余力地到处推销自己做的面霜和手霜，不能在家庭和事业上找到平衡点，这引起了丈夫的不满，终于有一天，他提出了离婚……

但是，即使这样，她也没有放弃自己的梦想与追求，而是以一种常人难以想象和理解的毅力坚持了下来，她领着年幼的孩子到了新的城市，在商场里开设了自己的化妆品专柜。三年后，经历过生活风雨与心灵洗礼的雅诗·兰黛和丈夫复合了，并一起创建了雅诗·兰黛公司。这个化妆品公司说起来很可怜，成员当时只有夫妻两个人，丈夫负责管理工作，而研发、销售、运输、宣传等活儿都是雅诗·兰黛一个人干。接客户电话的时候，她不得不经常变化嗓音，一会儿高一会儿低，一会儿装经理，一会儿装财务人员，一会儿又装运输人员……

所有的努力都不会白费。终于，雅诗·兰黛的化妆品进入了美国最高级百货公司聚集地——第五大道的商场柜台上。经过几十年的努力，她终于打造出了自己的化妆品帝国。

想成就事业，就得不怕从最粗糙、最低级、最简单的事情开始，从点点滴滴地做起，就得不在乎世人的眼光与评价，即使身处绝境也毅然前行，就得不抛弃，不放弃，坚持到底。

你愿不愿意为梦想做出改变

特别的成就,只有特别能熬的人才会得到。

很多成就非凡的人之所以能够笑到最后,并不是因为他们比我们更聪明,而是因为他们比我们更能"熬"。看准了,绝不放弃,越"熬"就会越有希望。

真正的成功是熬出来的,财富也是熬出来的。对于很多创业的人来说,起点都一样,谁胜谁负,比的往往只是"熬"的韧性和耐力。

为什么一个老板再难,也不会轻言放弃,而一个员工做得不顺就想逃走?

为什么一对夫妻吵得再凶,也不会轻易离婚,而一对情侣常为一些很小的事就分开了?

说到底,你在一件事或者一段关系上的投入多少,决定你能承受多大的压力,能取得多大的成功,能坚守多长时间。

冯仑说:"伟大是熬出来的。"

为什么要熬？因为普通人承受不了的委屈，你得承受；普通人能得到别人的理解、安慰和鼓励，但你没有；普通人用对抗消极指责来发泄情绪，但你必须看到爱和光，在任何事情上能够转化；普通人在脆弱的时候需要一个肩膀靠一靠，而你却是别人依靠的肩膀。

就像电视剧中孝庄皇太后对康熙皇帝说的那样："孙儿，大清国最大的危机不是外面的千军万马。最大的危难，在你自己的内心。"

最难的不是别人的拒绝或不理解，而是你愿不愿意为你的梦想做出改变。

穷人用悬崖来结束生命，富人用悬崖来蹦极——这就是穷人与富人的区别。

弟子问："师父，您有时候打人骂人，有时又对人彬彬有礼，这里面有什么玄机吗？"

师父说："对待上等人直指人心，可打可骂，以真面目待他；对待中等人最多隐喻他，要讲分寸，他受不了打骂；对待下等人要面带微笑，双手合十，因为他们很脆弱，心眼小，只配用世俗的礼节来对他。"

可见，你受得了何种委屈，决定你能成为何种人。

一个不会游泳的人，老换游泳池是不能解决问题的。

一个不会做事的人，老换工作是提升不了自己的能力的。

一个不懂经营爱情的人，老换男女朋友是解决不了问题的。

一个不懂经营家庭的人，反复结婚离婚也是解决不了问题的。

一个不懂职场伦理的人，绝对不会持续成功。

一个不懂正确养生的人，药吃得再多，医院设备再好，统统都是解决不了问题的。

你，是一切的根源，要想改变一切，首先要改变自己。而学习是改变自己的根本方法。

你爱的是你自己，你讨厌的也是你自己。你爱的、你恨的，都是你自己。你的世界是由你创造出来的，因此，你变了，一切就都变了。

由此可见，一念到天堂，一念下地狱。你的心在哪儿，你的成就就在哪儿。

洛克菲勒从穷小子，一步一步熬成美国第一位亿万富豪和当时的全球首富，他创造的财富总值，现今折合成美元为4000多亿，是比尔·盖茨的6倍多。

洛克菲勒一步步熬成世界首富，一切皆源于他的信条。

"我信奉压倒性的努力能碎石穿岩，能改变一切，所以我彻夜不眠，甚至尿血，最终以此消灭了百分之八十的风险，取得了胜利。"

洛克菲勒始终坚信，伟大是熬出来的，秉承这一信条，他成就了一生的事业，并用这一信条教育子女，这也是洛克菲勒帝国长盛不衰的秘密所在。

挫折并不可怕，成功更不难攀，只要有骨子里不屈服的勇气，加上忍辱负重的"熬"的精神，总有一天会得到想要的结果。

成功的秘诀有千千万万，有人依赖背景，有人凭靠天赋，有人借助机遇……而洛克菲勒却凭着一种"熬"的韧性，几十年来潜心做事，最终由一个几乎被所有人认为"很一般"的平常人，变为了成功者。

一个人对失败和挫折采取什么态度，决定这个人可以从生活中获得多大的成就。只要心灵不曾干涸，再荒凉的土地，也会变成生机勃勃的绿洲。只要愿意为梦想做出改变，再平凡的人，也能做出不平凡的事。

慢吞吞的蜗牛也能成功

能够到达金字塔顶端的动物只有两种，一种是苍鹰，一种是蜗牛。苍鹰之所以能够到达是因为它们拥有傲人的翅膀；而慢吞吞的蜗牛能够爬上去就是因为认准了自己的方向，并且一直沿着这个方向努力。

绝顶聪明者不一定会成功，而坚持不懈的人一定会成功。

因为专注于目标的人，不畏挫折和磨难，不管出现什么情况，总是能够充满信心，勇往直前。想成大事者，只能把精力集中于所要做的事情上——假如能专注于一项工作，任何人都能把这项工作做得很好。

在荷兰的一个小镇上，有一个中学毕业的青年找了一份看门人的工作，他在这个岗位上足足工作了六十多年。工作太清闲，他需要做点什么来打发无聊。于是，他选择了费时又费工的打磨镜片作为自己的业余爱好。

渐渐地，他的技术已经超过专业技师。他磨出的复合镜片的放大倍数，达到了惊人的高度。借着他研磨的镜片，他终于发现了当时科技界尚未知晓的另一个广阔的世界。从此,他声名大振,甚至被授予了巴黎科学院院士的头衔。这个人,就是科学史上大名鼎鼎的荷兰科学家万·列文虎克。

他只是用耐心和细致,把手头的每一个玻璃片磨好,用尽毕生的心血,完善每一个平淡无奇的细节。终于,这种专注和坚持,成就了他的伟大。

专注就是把所有的资源都凝聚在一个点上,而坚持是最好的用户体验。任何一个公司的产品,都会有不完善的地方,关键在于这个公司是否有持续改进的意愿,而公司持续的坚持才是对用户最大的负责。所以,专注在一件事情上,并且坚持下来,才有可能成功。

专注不但是做事情成功的关键,也是健康心灵的一个特质。将注意力全部集中到某事物上面,与你所关注的事物融为一体,不被其他外物所吸引,不会萦绕于焦虑之中。

巴菲特自己把他的成功归结为"专注"。他除了关注商业活动外,几乎对其他一切如艺术、文学、科学、旅行、建筑等全都充耳不闻——因此他能够专心致志追寻自己的激情。

当巴菲特说出"专注"这个词的时候,不知道在座的人群中有多少能够体会他这个词的含义,但一直以来,专注就是巴菲特前行的重要指南。专注是什么?是对于完美的追求,而且这种秉性是特有的，不是谁说模仿就能模仿得了的。

一个人对一件事只有专注投入，才会带来乐趣。对于一件事情，无论你过去对它有什么成见，觉得它多么枯燥，一旦你专注投入进去，它立刻就变得活生生起来！而一个人最美丽的状态，就是进入那个活生生的状态。

有句古语是这么说的：能够到达金字塔顶端的动物只有两种，一种是苍鹰，一种是蜗牛。苍鹰之所以能够到达是因为它们拥有傲人的翅膀；而慢吞吞的蜗牛能够爬上去就是因为认准了自己的方向，并且一直沿着这个方向努力。

人生是一场斗争，有许多不可逾越的困难和考验，成功者必须有较强的心理承受能力，以及不达目的绝不罢休的精神。你只需要有能力，有胆量和锲而不舍的专注精神，就能破釜沉舟，扬帆远航。

吃苦，是优质人生的基础

忍受雕刻和磨炼的苦因，才有被万人膜拜的甜果；抱怨和逃避被雕琢的痛，最后只能接受被万人踩踏的苦果。

再优质的蓓蕾，也要通过风吹雨打的考验，才能结出甜蜜的果子。

有一座佛寺缺少一尊佛像，于是，雕刻家找来了两块有灵性的大石头。这两块石头的质地都差不多，其中有一块略微好一点，所以雕刻师就拿这块较好的石头先刻。

在雕刻过程中，这块石头常常抱怨："哎！痛死我了，你快住手吧！"雕刻师劝它："忍耐半个月吧，你能忍得下来，就将成为受万人膜拜的佛像。"石头听了后说："好吧，我再忍两天。"结果，在这两天中，它还是不停地号叫，喊得雕刻家心烦意乱，最后只好说："好吧，那你就先歇一会儿。"

雕刻师把它放在了一旁，然后对另外一块石头说："我现在要雕刻你了，你可不能喊痛啊。"这块石头说："我绝对一声都不吭，你可以放手来雕刻我，我全力配合。"

"砰砰砰"的碎石飞溅中,第二块石头咬紧牙关,因为它知道,没有不经历雕琢就出现的作品,石头甚至很期待,它在想:说不定我会变得很漂亮呢!

半个月过去了,庄严的佛像终于雕出来了,引得成千上万的信徒前来膜拜。因为来膜拜的人太多了,踩得地上尘土飞扬,于是,主持便让众人将旁边的第一块大石头打碎,然后铺在了地上,铺成了一条路。

就这样,第二块石头成为了受万人膜拜的佛像,而第一块石头,则成为了万人践踏的碎石。

忍受雕刻和磨炼的苦因,才有被万人膜拜的甜果;抱怨和逃避被雕琢的痛,最后只能接受被万人踩踏的苦果。

人世间所有甜蜜的果实,皆要通过风吹雨打的考验和苦难的磨炼,才能品尝得到。

故此,佛陀开示众生:先吃苦,后尝甜。

俗话说:"吃得苦中苦,方为人上人。"先吃"苦",然后才会享受到"甜"的味道。吃苦,是优质人生的基础。

东晋王朝的功臣陶侃,不仅胸有大志,还特别勤奋。他做官的时候,总是不停委派下属去检查管理军中、府中的事,不曾有片刻清闲。这样勤奋的后果,是极高的效率,什么事情都井井有条,简门前没有停留等待办事的人。他常对人说:"连大禹都十分珍惜时间,更何况普通人呢?做正经事都怕时间不够用,怎么能够游乐纵酒呢?懒惰的人,活着的时候没什么用,死了也如同尘埃,不会被谁记得,这是自己不把自己当回事儿啊!"

因为朝廷内的明争暗斗,原本是荆州刺史的陶侃被降职调往偏僻的广州。见日常工作不多,于是陶侃多了一项运动项目:搬砖。

每天早晨,他总是把一堆砖头搬到书房的外面,傍晚又把它们搬回书房里,日复一日,月复一月,年复一年。别人很不理解:这位陶刺史真闲得没事儿干的话,不会练两笔字、画两笔画?每天搬砖,太古怪了!

终于,有人忍不住问他为什么这样做。陶侃回答:"我的梦想是收复中原失地,驱走入侵的北方胡人,但这里生活太悠闲,长此以往,恐怕自己不能承担大事,所以才想出这个办法让自己习惯辛劳。"

这样磨砺自己的日子,陶侃过了十年。终于有一天,他被重新委以重任,带兵平定了苏峻之乱,开辟了之后晋王朝七十多年的安定局面。

要做好一件事,必须有过硬的本领。要获得一种本领,必须经过艰苦的磨炼。一个人如果身体上不怕劳累,心理上不怕折磨,事业中不怕挫折,奋斗中不怕艰险,那么,他还有什么理由不成功呢?

我们永远奋斗在路上

杰出人士与平庸之辈最根本的差别,并不在于天赋,也不在于机遇,而是在人生道路上,你有没有在努力。

一首《在路上》不知感动了多少奋斗的人。

一部《奋斗》赢得了许多"80后"的喜爱,因为它展现了我们的真实状态,让我们在别人的故事里挥洒自己的喜怒哀乐,感怀艰辛的奋斗历程。

奋斗,我们一直在路上,有收获,也有失落。回头看看,在付出诸多心血之后,我们拥有了超越自己想象的承受力和不断前进的勇气,甚至懂得感谢挫折。

这是我们成长的心声:不要停滞不前,坚定、倔强地奋斗在路上!

自己不努力,你能拿什么和别人竞争?

现在很多大学生都感觉自己每天的生活都是单调甚至是无味的。食堂、教学楼、宿舍楼三点一线的生活,每天都这么过着,每天看着是很忙，课满满的，可是有时候自己也觉得很无趣，就感觉自己失去了生活的动力，不能感受到自己那跳动的脉搏，找不到生活的方向。

我们经常羡慕那些奖学金获得者，那些演讲比赛冠军，那些学生主持人，那些学生会的成员，感觉他们的生活，绚烂无比，精彩得不得了。每天能接触不同的人，每天能去不同的地方，每天能做不同的事儿。不用像我们每天三点一线，每天都是标准的吃饭、游戏、睡觉。

他们的日子多好，多美，多滋润啊！我们也想过，我们也希望能够成为这样的人，可是我们一直没有找到我们能成为他们那种人的方法。每每尝试着去做，就发现自己什么都不会，特别是每次和他们同台竞技，我们就像是被派出来做对比的小丑一样，什么都争不赢。

然后我就去观察、去看了，那些我们看着活得精彩的人，那些学生会成员，那些学霸。比如我们班上那个牛人，门门成绩都好到爆的人；还有那个学长，那个我们院团委的牛人，不仅新闻写得好，而且去年还获得了励志奖学金的人。我就想观察一下，我就想知道，为什么他们能够这么牛，我们可都是享受着同一资源，接受着同一个老师的教育，做着同一件事儿的。一天又一天，我发现，其实上课安安静静听课，就是学霸的一门技能，至少我是做不到的，还有那种没事时喜欢上自习的特性也是我没有的。再有就是能够没事儿就看新闻吸收精华，也是我们所不具备的。他们好像是一部高速运转的机器，除了睡觉之外，随时都可以满血复活。而我们，此时却在睡觉、玩游戏。这就是为什么我们在他们面前完全没有反抗的能力，完全没有拼争的可能！

　　一样的忙碌，一样的生活，他们总是比我们过得好，他们总是过得比我们精彩，他们做的我们也在做着，有所不同的是，他们是在主动地做着，努力地做着，而我们只是在被动地做着，接受着。每天带着僵硬的脑子，按着步骤做着事情，虽然我们中也有很多人学习成绩很好，可是这也仅仅是只限于学习成绩，要说起娱乐、体育，我们就完全向他们跪地求饶了。其实想想，为什么他们会这样呢？因为他们活着，热血在沸腾着，他们的脑子在动着，他们在努力着，而我们的心已经死了，血液在凝固着，意志在堕落着，一步一步地在走向平庸。

　　因为我们还有向往，所以我们还在思考着为什么总是别人赢，同样的环境，同样的生活，同样的安排。我要说，这是因为你自己，这都是我们自己在气馁，是我们自己不争气。不努力，你拿什么和别人去竞争！

别人在图书馆认真看书的时候，你在睡觉，在玩游戏；别人在训练专业技能，在写新闻、写文章的时候，你在睡觉，在玩游戏；别人在预习、复习的时候，你也在睡觉，在玩游戏；甚至别人在找工作，在准备考研，在比赛，在研究的时候，你还在睡觉，玩游戏。你说说，你能拿什么和别人争！更别说你还妄想争赢他们了！

原来杰出人士与平庸之辈最根本的差别，并不在于天赋，也不在于机遇，而是在人生道路上，你有没有在努力。

自己不努力，你能拿什么和别人竞争？不要再异想天开了，以为总有一天会有什么奇迹会降临到你身上。你要知道世界上有这么多人，上帝是没有那么多的精力，去照顾每一个人，去给我们丢馅饼的。想成功就得去奋斗，去努力。

对于不去奋斗的人来说，岁月的流逝只意味着年龄的增长，平庸的他们只能日复一日地重复空虚的生活。有事做，不是不幸，而是一种幸福，因为那不仅仅是一份工作，它还是一个信念，一个目标，有了这种信念，人就不会空虚。

努力吧，努力地去做吧，努力地去追吧，让血液沸腾起来，让生活精彩起来！

最好的"报复",是幸福给伤害过你的人看

任何时候,都不要以伤害自己的方式去报复他人。最好的"报复"方式,是幸福给伤害自己的人看。

五棵松路口曾经有一家很有名的麻辣串城,由于味道极好,生意相当红火。那里的老板是个年轻人。能在北京开这么大的串城,虽然算不上多大的成功,但至少可以过着优越的生活。有人对老板的幸福表示了一番"羡慕妒忌恨"。不料老板却说:"生活哪儿有那么容易,你们只看见贼吃肉,没有看见贼挨打。我的以前苦多了,现在总算有了点起色。不过我很满足。"

老板的老家在四川某个偏僻地区,那儿十分穷困,而他家几乎是村里最穷的人家。小时候由于没有可以换洗的棉裤,裤子湿了,只能烤干再穿。有一次棉裤不小心着了火,左边的裤腿被烧了一个好大的洞。好多个冬天,他一直穿着那条烧坏的棉裤。

后来,他开始外出闯荡。由于受不了工厂的束缚,又没有文化,他一直在断断续续的失业中挣扎,不知道做什么好。一天,

他发现卖臭豆腐的小摊点生意竟然非常好，这让他萌生了自己摆摊的念头。别人可以卖臭豆腐，他可以卖麻辣串。说干就干，路边摊灵活，成本低，但却很考验调配功夫，在刚刚开始的那段时间里，由于人生地不熟，由于自己的调味水平有限，他每天只能卖出几个串，几乎没有生意可以做，他几乎要放弃了。

有时候，没得选择，是最好的选择，除了卖麻辣串，他不知道自己还能干什么，所以，他只能坚持下去。为了调好味道，他不断地试吃，有时，光是为了找一种合适的调料，都能吃得想吐。

好在皇天不负有心人，他的生意慢慢有了起色。从最初的亏本，到后来的慢慢小赚，再到后来的赢利日丰，他总算熬过来了。于是，他琢磨着开一家小店。一是不用再风里来雨里去，二是客源量越来越大，需要更大更好的经营平台。

他拿着整整三年的积蓄，在一个人流密集的地方开了一家小店。慢慢地，他手中的存款越来越多，不仅给家里盖上了新房子，自己也打算开一家更大的麻辣串城，然后买套房子，在自己奋斗的城市里扎根。

就在这一年，他老家一个声称做房产的朋友，游说他投资养老产业。说什么中国老龄化越来越严重，以后养老将是第一大问题，在朋友那天花乱坠的忽悠下，在哥们儿义气的冲动下，他没有仔细考察就答应了投资建设养老公寓。可后来朋友卷款而逃后,他才知道所谓的工商营业执照都是伪造的,当初"开盘"时的热闹预售,是找托演的……多年的积蓄全都搭在了里面,还欠下了一大笔银行债务。

生活还得继续,为了还钱,他转让了曾经红火一时的小铺,巨大的心灵落差使得他几乎不想再碰麻辣串。母亲看在眼里,急在心里,不知道怎么办才好。他更是万念俱灰,终日躲在家中,足不出户。满脑子想的是见到骗子后要怎么报复。母亲觉得,再这样下去,儿子这一生就毁了,她硬把儿子从房间里拖出来,并对他说:"你小时候,最喜欢吃的,就是妈妈给你熬的鸡汤。今天我买了做鸡汤的材料,你要不要尝一尝?"

他无精打采地点了点头。

母亲"砰"的一声,把几只生的鸡腿丢在他眼前,说:"汤还没煮呢,你先啃鸡腿吧!"

他抬起头,诧异地说:"妈,这鸡肉还是生的呢!"

母亲又陆陆续续地把一些东西丢在儿子眼前:"不然你先吃一点中药材,或者嚼干香菇?对了,鸡汤也要加盐,不然你先吃一点盐?"

他惊慌地看着母亲,觉得母亲一定是疯了:"妈,您没事吧?"

母亲这才柔声地说:"直接吃这些东西,一定难以下咽,但只要把这些东西加在一起,再经过小火熬煮,就会成为美味的鸡汤!你现在遇到的痛苦,也许让你非常难熬,但谁说这些痛苦,不会成就你美好的人生呢?你看,当年我们穷得连给你买条棉裤都买不起的日子都挺过来了,你现在再怎么说,还有一门手艺。别人越是伤害你,你越是要好起来,把伤害变成成长的智慧和营养,把伤害变成力量。"

他了解母亲的苦心,但却又放不下已经提上去的自尊。曾经的他,是被人羡慕,被人仰视的,他没有办法想象重新去做路边摊的困窘。

母亲决定自己先振作起来,她开始自己去折腾麻辣串卖,由于不得其法,生意一直不好,但她依然坚持着。一个年过五十的可怜的农村妇女,为了让儿子重建对生活的希望,日复一日地重复摆路边摊的艰苦劳作。收入虽然不高,竟然也能慢慢维持在城市的生活了。

有一天,他实在看不下去母亲一个人搬上搬下,便忍不住搭了把手。后来,又慢慢地帮母亲穿点串,再后来,他会"路过"母亲的摊点,聊上几句。有时母亲因为上厕所或其他原因离开一阵子,他就得自己上阵了。人们对他都很友好,他这才发现,当初自己想得实在太多了，大家都是陌生人，不会因为他有过精彩而羡慕，也不会因为他当下的落拓而看不起。大家只需要他做的麻辣串好吃！

后来，他还清了所有的债务。再后来，他开了这家串城。他说，他其实很感激那次痛苦。如果走得太顺，好负气行事的他一定享受不到生活中最本真的幸福。他会计较很多事，在看上去的幸福中被细碎的痛苦折磨。

受伤之后，最容易引发的情绪是报复。报复的花样虽然多，但方法却只有三种。

第一种是以眼还眼，以牙还牙，让施害人明白，他们对我们造成的伤害，究竟有多沉重。这是简单地以暴制暴——由于承受力的不同，很容易演绎为过度反击，他人伤我三分，我必伤以七分，内心方能平衡。

第二种是以自我肉体伤害达成对他人良心的伤害，报复者唯一能依靠的是那个伤害自己的人的良知。

第三种则是努力幸福给伤害过自己的人看。

无疑，第一种报复方式是绝大部分人都会选择的方式，第二种报复方式是最无力的反击，先别说对方是否真的有多愿意为自己造成的伤害去内疚，若是一个人的自我伤害，并不能触及另一个人重大而直接的利害关系，随着时间的流逝，最初的良心煎熬就会消失。

而且，假如一个人的自我伤害对另一个人来说，成了不胜其烦的生活骚扰，他的内疚很快就会变成厌恶。

任何时候，都不要以伤害自己的方式去报复他人。最好的"报复"方式，是幸福给伤害自己的人看。

第七章

尽力，不如比别人更努力

生命如同故事，重要的不是它有多长，而是它有多精彩。

在命运面前,勇气有时代表一切

每个人在前进的时候,总会遇上很多挡路的障碍。有时候,我们只需要推开那道门,就会看到通向成功的路。

在命运面前,勇气有时代表一切。

卡夫卡的作品《在法的门前》讲了这样一个故事:

法的门前站着一个守门人。一个乡下人来到这个守门人面前,请求让他进去。可守门人说不行。由于通向法的大门始终是敞开着的,乡下人便往门里张望。守门人笑着说:"如果你很想进去,那就不妨试试,不过你得注意,我只是一个最低级的守门人。每一个大厅之间都有守门人,而且一个比一个更有权势,就连第三个守门人的模样,我都不敢看一眼呢!"

乡下人没料到会有这么多的困难。他本来想,法的大门应该是每个人随时都可以进去的,但是,现在他仔细地看了一眼穿着皮大衣的那个守门人,见到他不容置疑的表情后,他便决定,还是等一等,得到允许后再进去。

守门人给了他一个小矮凳,让乡下人在门旁坐下,于是他长年累月地坐在那里等着。他做了多次尝试,请求让他进去,守门人也被弄得厌烦不堪,他总是对乡下人说,现在还不能放他进去。

在漫长的年月里,乡下人几乎一刻不停地盯着这个守门人。他忘记了还有其他的守门人,似乎第一个守门人就是他进入法的大门的唯一障碍。

最后,他老了,视力变弱了,可是就在这时,他却看到一束从法的大门里射出来的永不熄灭的光线。在临死之前,这么多年的所有体验都涌到他的脑海里,汇集成一个问题:"所有的人都在努力到达法的跟前,可是,为什么这么年来,除了我以外没有人要求进去呢?"

守门人看出,这个乡下人快死了,便在他耳边大声吼道:"这道门没有其他人能进得去,因为它是专门为你而开的。可现在,我要去把它关上了。"

我们每个人在前进的时候,总会遇上很多挡路的障碍。我们分不清哪些是真老虎,哪些是纸老虎。有时候,我们只需要推开那道门,就会看到通向成功的路。可是我们不敢。每当我们想再往前迈一步的时候,就会像那个乡下人一样顾虑重重,于是在一道门前蹉跎了岁月,甚至荒废了一生。在我们回首这一切的时候,才知道当初的困难没那么可怕，可是为时晚矣。这能怪谁呢？

追求梦想的岔路上，总是要拿出勇气选择的，屈服逆境、放弃梦想是可悲的。但是很多人经常处在这种可悲之中。面对梦想，他们的顾虑太多。一条链子可以扯断，十条链子还可以扯断吗？所以如果有希望，还是在那么多链子都拴到你身上之前逃走吧！

有人说，勇敢是与深思和决断为伍的。没勇气，终归是内心不强大的结果。软弱的人寻求的往往是"保护"，而不是积极地"改变"。真正的勇气，孕育在一个人的灵魂中，这个人，一定是考虑到危险但仍不退缩的人。

小泽征尔是一名指挥家，他的指挥出神入化，即热情奔放又潇洒自如，在世界上享有极高的声誉。他未成名之前，在一次世界级的大赛中，他按照评委会提供的乐谱进行指挥时，总感觉有一点不和谐的声音。一开始，他以为是乐队的演奏出了错误，于是，要求乐队停下来重新演奏，但问题并没有消失。于是，他觉得是乐谱有问题，并向在场的评委会提出了自己的质疑。面对小泽的质疑，评委会委员以及在场的作曲家全部坚持说，乐谱绝对没有问题，是他的感觉错了。面对这些不容置疑的权威人士和近在眼前的大赛桂冠，小泽思忖再三，还是坚决地说："不！一定是乐谱错了！"

不料，他的话音刚落，评委们立即报以热烈的掌声。原来，这一切都是评委们的精心设计，以此来检验一名指挥家在发现错误并遭到否定的情况下，能不能坚持自己的主张。之前的指挥家虽然也都察觉了这点小问题，但都因为缺乏与权威抗衡的勇气而放弃了自己的观点，从而失去了夺取桂冠的机会。

在命运面前，有时候勇气会代表一切。别动辄说自己温顺善良、人畜无害，也许你只是不主动，没有反抗的血性，归根结底，是你的内心不强大，才阻隔断了自己通往星辰大海的征途。

付出更多，你才能拥有更多

　　人生就是一场山水相逢的戏，你不知道哪一天，哪个与你相处过的人就能在关键时刻决定你的命运。

　　一个人的力量很难应付生活中无止境的苦难，聪明人都明白这样一个道理。帮助自己的唯一方法，就是去帮助别人。君子贵人贱己，先人而后己。只有付出更多，你才能拥有更多。

　　我们靠所得来谋生，但要靠给予来创造生活。我们无法帮助每个人，但每个人都能帮助到某些人。为别人点一盏灯，照亮别人的同时，也照亮了自己。

　　《孟子·公孙丑上》曰："取诸人以为善，是与人为善者也。故君子莫大乎与人为善。"耶稣也说："你愿别人怎么待你，你就应怎么对待别人。""好人有好报"这句话虽然是老生常谈，但确实是真理。与人为善，你就会被善待，这是最基本的因果关系。

　　一个老外带着华裔妻子到中国治病，妻子的病很难缠，有人建议他们来中国看看中医，或许对这种慢性病会有作用。他和妻子都不会说汉语,到了中国,不得不花钱请翻译。之前,为了帮妻子治病,他已经到了囊中羞涩的地步,所以开出的报酬很低,最终,一个贫困生接受了这份工作。

在帮老外看病的过程中,善良的小伙子除了翻译以外,还帮着挂号、拿药,做了很多超出他雇佣范围的事情。不久后,别人给小伙子介绍了一份更挣钱的翻译工作,于是小伙子向老外提出了辞职。

老外没办法,只好同意了,但是恳求小伙子帮忙再找一个翻译,哪怕翻译水平差点都可以,因为自己实在付不起更多的钱,但又离不开翻译。

小伙子犹豫了半天,还是决定留下来,帮助这对陷入困境的夫妻,一直到他们离开中国

几年后,小伙子该毕业了。他正在为找不到合适的工作发愁时,突然收到这个老外从美国发来的一封邮件。

邮件中说:他一直感激小伙子的帮助,更感动于小伙子的善良和诚实。妻子的病情得到控制后,他又重新打理自己的事业,现在,他想发展中国区域的业务,需要招聘几名诚实可靠的员工,他问小伙子愿不愿意加入他的公司,报酬优渥。

有许多用尽千方百计也得不到的东西,凭着与人为善却轻而易

举就得到了。现实生活中,有些人非常不讨人喜欢,主要原因不是大家故意和他们过不去,而是他们对别人百般挑剔,随意指责,人为地制造矛盾。只有处处与人为善,严以责己,宽以待人,才能建立与人和睦相处的良好关系。这个世界上,重要的不是你能得到什么,而是你能付出什么。俗话说,"予人玫瑰,手有余香","三十年河东,三十年河西"。人生就是一场山水相逢的戏,你不知道哪一天,哪个与你相处过的人就能在关键时刻决定你的命运。

有个穷学生,为了支付学费,挨家挨户地推销货品。晚上肚子饿了,但口袋里只剩下几个硬币了,于是他准备讨点饭充饥。

当一位年轻的女孩子打开门时,他却失去了要饭的勇气,只说想向女孩讨一杯水喝。女孩看出了他的窘迫,于是给他端了一大杯鲜奶来。

他喝完后心虚地问:"应付多少钱?"

她回答说:"不用,母亲告诉我,不要为善事要求回报。"

他心中一暖。

男孩离开时,不但觉得自己饥饿感缓解了不少,而且信心也增强了许多。他原本已经陷入绝境,是那个女孩的一杯牛奶给了他希望,他重拾生活信心,重新开始了自己的人生。

十几年后,女孩忽染重病,当地医生都束手无策。家人将她送进市医院，请专家来检查她的病情。他们请到了一位著名的医生。当这位医生听说病人是来自他曾待过的某个小城时，马上走进病房，他一眼就认出了她。

从那天起，他密切地关注她的病情，用自己高超的水平，尽心尽力地挽救她的生命。经过漫长的治疗后，她终于恢复了健康。当这位女患者出院的账单送到医生手中时，他看了账单一眼，然后在账单边缘上写了几个字。

忐忑的女孩不敢打开账单，因为她知道，自己可能一辈子也无法还清这笔医药费。但她还是不得不打开，出乎意料的是，账单上只写着这样一句话：一杯鲜奶足以付清全部的医药费！

收获少，说明你努力不够

只要付出努力就会有所收获，收获甚微只能说明努力不够。

世界上有多少人在追逐梦想，多少人在渴望成功？然而，成功，不是想有就有，都是通过不懈的奋斗、辛勤的工作和过多的付出换来的。

王羲之没有洗黑一池水的努力，怎么会赢得"书圣"的美誉？杜少陵没有"艰难苦恨繁双鬓"的付出，又怎么能有"诗圣"的成就？唐玄奘没有背井离乡的付出、万里迢迢的跋涉，又怎么能到天竺取回真经？

一分耕耘一分收获，没有付出，哪来的回报？可以说，付出是回报的前提或是序曲，若是舍不得付出努力，那一切的想法都只是空想，毫无意义。

很多人只关注到了成功者收获的喜悦与头顶的光环，却未发现其背后的汗水与辛酸。

著名的"付出定律"讲的就是，只要付出努力就会有所收获，收获甚微只能说明努力不够。

他,从小到大成绩优异,是著名的普林斯顿大学的高材生。思想保守的父母,一直期望他日后可以做一名受人尊敬的律师或政府官员。然而,出人意料的是,大学时期,他突然对表演产生了浓厚的兴趣,并从此树立了自己的人生目标——做一名成功的演员。

大学毕业那年,他身边的同学有三分之一去了医学院,有五分之一去了法学院或华尔街。当同学们询问他的去向时,他却告诉大家,他要到好莱坞做一名演员。他的回答把同学们惊得目瞪口呆。他又把这个想法告诉了父母,父母更是表示极力反对——一个普林斯顿大学的高才生,怎么可以去当娱乐明星呢?

不管别人的看法是怎样的,他还是一个人从纽约来到了洛杉矶,开始了自己的梦想之旅。

在好莱坞,明星实在太多,机会实在太少,他一开始只能到电影公司做幕后工作。第一年,他整天都忙着整理资料和调整灯光,穿梭于各个办公室之间做杂务,有时还要帮老板喂鱼、叫外卖,或者帮演员遛狗。

那段时间,他穷困潦倒,最困难的时候连房租都交不起,他甚至在会议室里搭起了帐篷,靠公司的食品柜填饱肚子。

即使这样,他仍然寻找各种机会来推销自己,参加各种各样的面试，参加演员培训班给自己充电。他屡屡受挫，但也得到了在《吸血鬼猎人巴菲》、《恐龙帝国》等剧集中表演的机会，还出演了电影《人性的污点》，与影帝安东尼·霍普金斯联袂表演，在剧中有不俗的表现。但尽管得到了很多肯定，他的演艺之路仍然没有多大起色，他甚至又失业了，不得不做剧院的杂工。就这样，他过了十年缓慢、平淡而又用力的日子。

直到有一天，他接到了一个剧组的邀请，让他去试镜。试镜的那天，他的表演自然流畅，试镜出奇的顺利，很快就拿下了这个角色。这部电视剧，就是红极一时的《越狱》，而他，正是饰演男主角迈克尔的演员——温特沃斯·米勒。

米勒成名后，有人问他："你喜欢用'一夜成名'形容自己吗？"米勒回答："我这'一夜'可能长了点——10年，12份工作，488次试镜，无数个'你不行'。"

他的成功是理所应该的，一个人为梦想坚持着，只要他不放弃，老天也会被他感动，也会给他机会的。我们也应该这样，当你已经选准了目标，就应该义无反顾、勇往直前地向目标奔去。

要想在人生的旅途上有更多的收获，就要舍得付出更多的努力。

挫折不是上帝制造出来让你打发无聊的

不要放弃为前进而做的努力,你想要的一切,岁月都会以自己的方式给你。

人生没有绝对的弯路,你用双脚认真丈量的每一步,都将成为你灵魂的疆域。它们因成为了你的经历、成长和记忆而永远无法被夺走,这即是我们可以达成的不朽。人生的最大不同,其实不在于终点,而在于走路的历程。

连续12年保持全世界推销汽车的最高纪录而被载入《吉尼斯世界纪录大全》的乔·吉拉德,被称为"全世界最伟大的推销员"。有人说,他天生就是一个销售员。这种天才论并不能当真,没有一个白手起家的人不需要依靠自己的努力拼搏,便能功成名就的。乔一生中做过很多份工作,他没有明确的目标,一直在跌跌撞撞中行走,因此走过不少弯路,经历过人生的大起大落,到35岁时依然一事无成。但所幸的是,他始终没有放弃对自己的要求和对家人的责任,这才促使他最终找到适合自己的职业方向。

乔·吉拉德出生在美国密歇根州最大的城市底特律，他家特别穷，只能靠申请救济糊口。冬天，他和哥哥吉姆经常溜进家对面的煤场偷煤，才能解决取暖的燃料问题。穷日子仿佛看不到尽头，经常失业的父亲喜欢以打孩子的方式发泄心头的郁闷。

乔在8岁左右就开始工作了，他蹲在东杰斐逊大道的工人酒吧里，在肮脏的地板上替人擦皮鞋。20世纪30年代的美国经济萧条，人们到酒吧大多是为了借酒浇愁，擦皮鞋的生意不多，乔与其说是打工，还不如说是乞求人家同意他擦皮鞋。擦一双鞋只挣5美分，有时，顾客会多给1~2美分，但有时也会只给2美分。他常常一干就干到晚上11点，挣的钱全都交了给家里——就算只能赚1美元，也可能是家里唯一的收入。

后来，他又开始送起报纸，每天早上6点就得起床到车库，把分好的《底特律自由新闻报》送往订户家中；放学后，再去工人酒吧擦皮鞋。他一边擦皮鞋一边送报纸，一干就是很多年。

16岁时的一天晚上，乔禁不住金钱的诱惑，与两个坏小子一起偷了一辆车，然后撬开了街上的一间酒吧。他们成箱地往车上搬酒，还撬开了收银机拿了175美元。他们把酒卖给了流浪汉，平分了偷来的钱。

3个月之后，乔被带到了青少年拘留所。拘留所是他待过的最恐怖的地方，一大屋子全是犯了事儿的小孩。有个大个子看守拿着皮带进来，随便让一个小孩撅起屁股就一通猛抽。那一次，乔真的被吓破了胆，他决定靠自己的力气吃饭，再也不愿意进班房了。

出了看守所的乔在炉具厂找了一份工作，但很快就被开除了。接着，他干过40多种不同的工作，开过卡车，做过安装工人，学过电镀，当过兵，还开过小店，但是运气总是不好，不是因为抽烟被开除，就是摔伤不能工作……直到后来，他跟着一个名字叫阿贝·萨珀斯坦的住宅建筑商工作，生活才慢慢地有了起色。这期间，他不仅成了家，还有了孩子。

老板退休时，把生意转让给了他。有一阵儿生意还相当不错，可惜那时，他经验不足，不知道只能相信白纸黑字，不能相信口头承诺。一块荒地的地产销售员为了把房子卖出去，捏造了一条虚假信息，错误的投资不仅使得他10年拼命工作的积蓄化为乌有，还一下负债6万美元——这在当年实在是很大一笔钱。银行想扣押他的汽车，因此，他晚上回家时，要把汽车停在几个街区之外，然后穿过小巷爬后墙溜回家。

那时，他几乎想死，感觉自己无论为生活付出了多大的努力，总会一下子回到原点。回家时，妻子向他要买菜的钱，这才让他想起了自己还得对妻子、儿女负责任。

身无分文的他一夜未眠，一直在想自己该怎么办。乔知道，自己必须找一份能马上获得报酬的工作，以避免全家又挨一天饿。他决定做汽车销售员，但没有销售员愿意介绍他入行，因为对他们来说，多一个人就多一个竞争对手。为了加入雪佛兰汽车公司，他不得不以下午6点前不接待客人，只为别人都不愿意服务的客人服务为保证条件，加入了这家汽车销售公司。靠着他前半生的人生沉淀和对世态人情的理解，他摸索出一套很实用的销售理论，终于扭转了人生绝境，成为跻身汽车界最高荣誉"汽车名人堂"中唯一的销售员。

　　虽然某些经历就世俗意义来说，有"正确"的方向和"直接"的达成才好。无疑，在同样的时间成本里，直接可以得到更多，朝着正确的方向努力，效率会更高。但是，命运的最大天机就是谁也不知道自己明天会面对什么。我们要做的，可能唯有坚持走下去。毕竟，很多挫折不会只是上帝制造出来让你打发无聊的，这些挫折，也许是你下一次成功所必需的累积。

　　地球是运动的，一个人不会永远处在倒霉的位置上，没有人能一直成功，也不会有人一直失败。所以，不要放弃为前进而做的努力，你想要的一切，岁月都会以自己的方式给你。

清算苦难，不如开始改变

改变你的心态，也就改变了你看问题的角度。而当你改变看问题的角度时，即使遇到世界上最倒霉、最不幸的事，也不会成为世界上最倒霉、最不幸的人。

有一个社会学家，为了研究父母对子女的影响，弄明白认知模式是由先天遗传决定的还是由后天环境改变的，收集了很多同卵双生子的家庭资料。

同卵双生子的遗传基因相同，研究他们的行为变化，可以帮助人们了解遗传和后天环境对认知模式的不同影响。在所有的研究样本中，有一对双胞胎兄弟是这个社会学家小时候的街坊。这对双胞胎兄弟有一个酗酒的父亲，脾气暴虐，动辄对他们两人大打出手，他们在童年时备受虐待，留下了很多心理创伤。

长大以后，他们去了两个不同的城市工作，各自成立了家庭。

社会学家联系上了他们，并决定去拜访他们。他先去拜访了哥哥，进了哥哥的家门后，他看到的是凌乱的房间，到处都是酒瓶，两个孩子怯生生地望着来访者。当社会学家问哥哥为什么把日子过成这样时，他开口说："你知道我是从一个怎样的家庭出来的，你也知道我有一个怎样的爸爸，我还能怎么样？"

过了几天，社会学家又去了另一个城市采访弟弟。进了弟弟家门后，看到的却是另一种情景：整洁的环境，和睦的夫妻和可爱的孩子，幸福洋溢在每个人的脸上。他大为惊讶，为了研究的客观准确，他多次去弟弟家，最后终于确信，弟弟的幸福是真实的。于是，他问弟弟，为什么会有这么幸福的家庭，这位弟弟的回答和哥哥一模一样："你知道我是从一个怎样的家庭出来的，你也知道我有一个怎样的爸爸，我还能怎么样？"

这对双胞胎兄弟有着同样的遗传基因、同样粗暴的父亲和同样不幸的童年，也有着同样的问题：有了这样的经历，我还能怎么样？他们的回答，甚至在字面上也是一样的，但是他们的选择是截然不同的。哥哥被早期的痛苦牢牢控制，由于缺乏理性的反思，他唯一的选择就是被动地复制父亲的模式："我也只能这样了。"而弟弟却是在理性而痛苦的反思后做出了完全相反的选择："我再也不能这样了。"

在同样的环境下，两个人做出的选择之所以完全不同，完全是心智模式不一样导致的。

心智能力的高低,决定了我们能在多大程度上超越本能。越受本能情绪的支配,活得就越被动。

被动地理解环境对自己的意义,被动地思考过去的经历,被动地接受知识和经验,难怪黑格尔说:"熟知并非真知。"磕磕绊绊地弄明白了别人解释世界的工具,如语言、概念等,然后又磕磕绊绊地学得了一点儿别人的解释方法,如唯物论或唯心论,如此种种,无疑是人生最大的悲剧之一。

没有建立自己的解释方法,就难以从经历中总结出有益的教训。没有自己的思想体系,就只能盲目地跟随这个世界。于是,有的人,成了世俗要求的奴隶,而有的人,成了自己经历的奴隶。

认知力有一点点差异,结果就产生了如此大的不同。

所以,清算苦难,不如开始改变。只要我们愿意走出自己的惯性思维,重新审视这个世界,把经历总结成有用的经验,就能在摇摆中获得成长。

适当放低姿态，才能少走弯路

当你企图去纠正别人时，应首先想想是不是更应该纠正自己。

我们常常不把一种知识参透，就开始到处宣讲；投资对象的基本信息都没弄清，就莽撞投资；路都没有探清，就一脚踩出去。人生的悲剧，多数就是这样产生的。无论是一项工作，还是一项任务，我们都要做到知己知彼，才能顺应形势；适当调整策略，才有制胜的可能。

有时，我们仅仅靠自己观察，还是会有很多失察的地方，很多情况，无法一下子都弄清楚，那么，向有经验的人学习就非常重要了。

有一个博士被分到一家研究所，他是这儿学历最高的人，不免有些骄傲。有一天他到单位后面的小池塘去钓鱼，正好正、副所长也在那里钓鱼。他只是微微点了点头。

不一会儿，正所长放下钓竿，伸伸懒腰，"蹭、蹭"从水面上如飞地走到对面上厕所。

博士眼睛睁得都快掉下来了。水上漂？不会吧？这可是一个池塘啊！正所长上完厕所回来的时候，同样也是"噌、噌"地从水上漂回来了。怎么回事？博士生又不好意思去问，自己是博士生呢！

过一阵，副所长也站起来，走几步，"噌、噌"地漂过水面上厕所。这下子博士更是差点昏倒：不会吧，自己到了一个江湖高手集中的地方？这时博士生也内急了。这个池塘两边有围墙，要到对面厕所非得绕十分钟的路，而回单位上又太远，怎么办？

博士生也不愿意去问两位所长，憋了半天后，也起身往水里跨：我就不信本科生能过的水面，我博士生不能过。只听"咚"的一声，博士生栽到了水里。两位所长将他拉了出来，问他为什么要下水，他问："为什么你们可以走过去呢？"两位所长相视而笑："这池塘里有两排木桩子，由于这两天下雨，木桩被水淹没了。我们都知道这木桩的位置，所以能踩着桩子过去。你怎么不问一声呢？"由此可见，我们做任何事之前，都要先摸清情况，顺应形势，才能少跌跟头。而只有适当放低姿态，向有经验的人学习，才能少走弯路。

但我们中的很多人缺少的恰恰是这种虚心学习的态度，好不容易学到了一点没有经过验证也不知道是否完整的知识，便挥舞着真理大旗去指点别人了。

当你企图去纠正别人时，应首先想想是不是更应该纠正自己。与其"好为人师"，招惹麻烦，不如去拜人为师，使自己成长。我们应该多向他人学习，不要随便指点、纠正别人。否则，自己闹了笑话还觉得自己很了不起，这就太愚蠢了。就像两只不知自己在笼中而觉得别人在笼中的鹦鹉那样。

有两只画眉，从出生就生活在笼子里，从不知道笼子之外的世界。主人（其实在它们看来那是自己的仆人）会定时给它们喂食换水，它们总是隔着笼子，用怜悯的眼光打量那些从笼子前飞过的麻雀——它们总以为眼前的栅栏，是围那些飞来飞去的麻雀的。

一只画眉说："唉，那些关在栅栏里的麻雀是多么可怜啊！"

另一只画眉连连点头："是啊，它们整天飞来飞去地找食，一刻不停，生活太悲惨了！哪像我们这样自在呢？"

"我们得想个办法帮帮麻雀们。"

"怎么帮呢？"

"是啊，简直没办法，隔着栅栏，我们无法靠近它们。"

"是呀！"

两只画眉说了半天，想不出任何拯救麻雀的办法。它们热烈的争论声引来了一只麻雀。麻雀飞过来问："可怜的鸟呀，你们需要我的帮忙吗？"

"哈！我还想问你们麻雀呢！你们每天忙忙碌碌，不觉得活得很艰辛吗？你们为什么不想办法冲出栅栏，就像我们这样无忧无虑地生活呢？"画眉怜悯中不自觉地带着一点哀其不幸、怒其不争的感慨。"要努力为自己寻找一个世界。"另一只画眉颇有诗意地补充。

"真搞笑，你们有时间还是先拯救自己吧！"麻雀说完，自由自在地飞向了天边。

这个笑话并不好笑，但却说明了个人眼光的局限性。我们以为正确的东西，在别人以更大的视野看来，可能完全是错的。

每个人都有自我，掌握着对自己心灵的自主权，并经外在的行为来检验自我坚固的程度。你若不了解此点而去批判他人，他人会明显地感受到他的自我人格受到了你的侵犯，有可能不但不接受你的好意，反而还采取不友善的态度。因为他觉得你的热心不仅是在瞎掺和，而且还打扰了他。

所以苏沃洛夫说："我认为，蠢材的特征是高调，庸才的特征是卑鄙，真正品学兼优的人的特征是情操高尚而态度谦虚。"

生活中的一个无法回避的事实是，每一个人的能耐总是十分有限，没有一个人样样精通，所以，人人都可以在某些方面成为我们的老师。当我们自以为拥有一些才华时，我们要记住，自己还十分欠缺，而且会永远有所欠缺。多学习，才能少走弯路。

每个人的路,都只能自己走

　　成熟要我们懂得,自由不是为所欲为,而是不干扰别人也不被别人干扰。

　　很多人虽然在年龄上已经达到了成年的标准,但却只有生理层面的强大。多数人终其一生,只会老去,不会成熟。很多家庭,更多注重的是抚育孩子的身体成长而不是心智成长,这就注定了很多人的心智成长只能交给社会历练。

　　有个耳熟能详的故事:斯尔曼在很小的时候,一条腿就患上了慢性肌肉萎缩症,走路都很困难,可他凭着顽强的精神,创造出了令人瞩目的壮举:

　　19岁时,他登上了珠穆朗玛峰;21岁时,他登上了阿尔卑斯山;22岁时,他登上了乞力马扎罗山……然而,就在他28岁这年,突然自杀了。

　　如此坚强的他为什么会选择自杀呢?

　　原来,他的父母也是登山者,他们在一次登山运动时遇险,他们留下的遗嘱,就是希望儿子能像个正常人一样,征服那些著名的高山。斯尔曼的全部奋斗和努力都是为了完成父母给他定下的目标。当他实现这些目标后,由于没有下一步目标,所以感到了前所未有的迷茫。

在自杀现场,人们看到了斯尔曼留下的遗言:"攀登了那些高山之后,我感到无事可做了。"斯尔曼的肌肉在成长,心智并没有成长,没有了独立的思考,失去了人生的目标,于是才选择了抛弃自己的人生。

成长的道路是用接踵而来的心灵挣扎和无数次泪流满面后的觉悟铺垫的。这是一种蜕壳的痛,是一种必须亲身体验的痛,是一种不被理解的痛,是一种不断砍掉自己身上的刺的痛。

幸福需要成熟的心智去承受,很多人由于心智不成熟,只能机械地做任务,于是免不了陷入迷茫,甚至被生活玩弄。

做好成熟的准备,就要求我们要学会把自己和他人放在对等的位置上,不去仰视强者,也不睥睨弱者,一个富翁和一个乞丐,差异只在于工作和着装,除此之外,不该有社会地位的差别。

因为人与人之间是平等的,所以,心智成熟的人,不能总要求别人,而只能要求自己。如果有需求,可以通过交易来满足。例如,你想要一个苹果或iphone,就得掏钱买,不能指望别人白给你。

成熟要我们懂得，自由不是为所欲为，而是不干扰别人也不被别人干扰。

成熟要我们懂得，每个人只能做独立的自己。所谓的独立，便是指人格独立。人生的大部分时间里，都只能自己一个人走。自己不能走的情况，请参看残疾人。人格不独立或者说不愿意自己走的人，与需要轮椅或为床所困的人没有什么区别。没有独立意识的人，注定会成为社会的弃儿。

纪录片《最后的狮子》中，狮王被新入侵者打败，一头带着三只幼崽的母狮，为了孩子不被新狮王杀死，选择了带着孩子逃亡。

在她冒着危险猎牛时，宝宝不见了。寻找孩子，是母亲的本能。它找了很久，终于在远方发现了小狮子，可这时小狮子被踩断了尾锥，只能拖着自己的后半身行走。无论它多么努力，也治不了宝宝的伤。最后一次喂了宝宝奶后，呜咽良久，母狮终于做出了一个决定：抛弃这个宝宝——是的，当小狮子无法站立的时候，就注定了成为弃儿。它无论是被鬣狗咬死，抑或是被野牛踩死，已经无关紧要，既然结果已经是必然，那么，怎么实现这个结果只是方式问题，而不是根本问题了。

于肉身，能否独立独行尚且如此重要，何况是精神？

做好成熟的准备，意味着我们要把自己当成独立的个体，与社会成员拥有同样的权利，也要承担同样的义务；意味着父母没有义务无条件地为我们奉献，我们也没有权利一味向父母或社会索取；意味着每个人的路，都只能自己走，每个人的成长，都只能自己承担。

尽力，不如比别人更努力

与其在不甘里空怀理想，不如努力拼上一回；与其总是被生活逼着努力，活得毫无乐趣，不如从现在起就改变自己。

一个男孩正在苦恼自己要不要去某家公司。那时候，他已经在同行公司小干过一年了，经验不太丰富，但具备了最基本的行业知识。他应聘这家公司时，感觉公司的待遇和以前差不多，心中颇为不甘。他不断地问工资的构成，具体有哪些福利，工资什么时间发等等。当面试官说，工作头三年，不应该过于计较工资的时候，他说了一句话："我得保障我最基本的生活，你看，现在就这么点工资，扣掉房租、交通和吃饭的费用，什么都剩不下，我总得买点衣服吧？我总得请几次客吧？这样的待遇，我连点儿余地都没有……"

有的人的"基本生活保障"要求太高了，就像一开口就要"年薪不低于十万"的"基本生活保障"一样。如果你的"基本生活保障"标准是开着宾利车，带着"倾国姿色"周游世界，我真不觉得这样的"基本生活保障"是合理的。

其实，即使"基本生活保障"在合理范围内，在没有生存能力的时候，都不配索取"基本生活保障"。是啊，一个月三四千，对在北上广漂泊的人来说，租房子只能租偏远的或条件差的，吃饭只能吃快餐或自己做的，买不上好衣服，交不起酒肉朋友，确实只算勉强活下去的保障。但这勉强活下去的保障，你真的配拥有吗？在你无能的时候！

一个没有生存能力的人能生存下去的唯一原因是有人施舍或付出。

人们从有生命那刻起，便在仰仗母亲的付出，从完全依赖，到后来终于出生后慢慢有了自理能力，再到终于有了可以独立生活能力，在这一漫长过程中，他们依赖的是家人的付出和爱。我们是他们的期待，所以，我们可以享受他们的爱，但也理所当然地要承担相关的责任。

但在社会中，人与人之间是平等的，没有谁应该无条件为另一个人付出。人们彼此之间是相互合作的关系，我以我多余的，交换我缺少的，你以你多余的，交换你缺少的。如果你的所缺，恰是我的所余，你我便可协商一个交易条件，把我们的合作进行下去，而不是一方无条件以付出，另一方无条件地接受。我们的工作关系亦如是。你能一天造一千块砖，但是你缺少买粮买衣的钱，那么，我们商量好，你每给我造一千砖，我便给你一百块钱，如是公平交易，童叟无欺。

一个人所创造的价值，最少得是他工资的五倍，因为办公场地、运营成本以及种种其他本加起来，是其工资的五倍。我们到手的每一千块钱，都意味着公司要支付五千块。这还不包括风险成本。假如公司以一千块钱的价格招了你进来，你却终日闲聊、上网、打游戏，大事儿不会干，小事儿干不了，时不时给公司找很多事儿，唯一的盼望就是发薪日。占着公司办公资源，白白浪费着公司成本资金，稍有难度、稍需要耐心的工作，你不是干不了，就是不愿意干，还觉得这工作太辛苦，动不动就抱怨自己起得比鸡早，吃得比猪糟。

其实，在我们没有生存能力的时候，是连吃得比猪糟的资格都没有的，唯一可以倚恃的，不过是公司需要浪里淘沙而带给我们的尝试机会。不妨感谢那些起得比鸡早、吃得比猪糟的生活，感激这些公司，因为他们给了我们一份信任。

下雨天，你没有伞，只有奔跑，才能让自己少淋雨。如果你既没有别人拥有的硬件设备（伞），又不想自己努力（奔跑），这样下去，怎能通向成功？

所以，很多时候，我们只能在不甘心里仰望理想。其实，不逼自己一把，永远不知道自己有多优秀。人的一生，总得有个盼头，干吗让自己不快乐,也不被认可?要么让自己爽,要么让别人发现你确实了不起,从而珍惜你感激你。两头都不图,你闹哪样呢?

  我们是自己的上帝,人生的价值与意义都是我们自己赋予自己的。与其在不甘里空怀理想,不如努力拼上一回;与其总是被生活逼着努力,活得毫无乐趣,不如从现在起就改变自己。唯有这样,你才会发现,生活正以你希望的那样子,出现在你面前。